来，一起愉快地减肥吧

董美仙 主编

中国纺织出版社有限公司

图书在版编目（CIP）数据

来，一起愉快地减肥吧 / 董美仙主编. — 北京：中国纺织出版社有限公司，2023.3
ISBN 978-7-5180-9798-2

Ⅰ.①来… Ⅱ.①董… Ⅲ.①减肥—基本知识 Ⅳ.①TS974.14

中国版本图书馆CIP数据核字（2022）第156525号

策划编辑：范红梅　舒文慧　　责任编辑：范红梅
责任校对：高　涵　　责任印制：王艳丽

中国纺织出版社有限公司出版发行
地址：北京市朝阳区百子湾东里 A407 号楼　邮政编码：100124
销售电话：010—67004422　传真：010—87155801
http://www.c-textilep.com
中国纺织出版社天猫旗舰店
官方微博 http://weibo.com/2119887771
天津千鹤文化传播有限公司印刷　各地新华书店经销
2023 年 3 月第 1 版第 1 次印刷
开本：880×1230　1/32　印张：4.75
字数：85 千字　定价：49.80 元

序

在这个“颜值即正义”的时代，越来越多的人加入到了“减肥大军”中。很多人立下豪言壮语，定下详细计划，决心要管住嘴、迈开腿，但一段时间后，“减肥成功”的寥寥无几，大多都以失败告终。有的人“忍饥挨饿”一场，因为受不了美食诱惑而一朝破功；有的人锱铢必较地盯着每天的热量摄入，让生活变得枯燥乏味又难以忍受，一段时间后便失去了再折腾下去的勇气；有的人开启了只吃一类食物不吃另一类食物的“挑食”模式，减肥还没成功，胃肠就开始闹毛病了，只好作罢；有的人天天锻炼，汗流浃背，发现体重不降反升，挫败感油然而生，最终以放弃告终；有的人好不容易看到了减肥的成果，还没来得及庆祝一下，就又全线反弹，遭遇滑铁卢；有的人年轻时是别人羡慕的那种“怎么吃也不胖”的人，谁知人到中年竟一发不可收拾地胖起来了，从此也加入了减肥大军……

如果肥胖只是影响颜值，那环肥燕瘦，各有各的美，自己开心就好。但实际上，肥胖与多种健康问题密切相关，世界卫生组织WHO曾发出警示：超重和肥胖是引起死亡的第五大风险！2015年的统计数据显示，全球每年因肥胖而去世的人数至少有280万。内脏脂肪超标（腹部肥胖）的人，其心脑血管危症发生的风险是体重体脂正常的人的2倍以上。另外肥胖还会增加骨关节受损的风险，严重影响生活质量。所以，对肥胖还真不能听之任之，我们要把减肥这件事情提上日程。

希望这本书是你在减肥路上的最后一本书。找到对的方法，不用计算热量，不用饥肠辘辘，也不用强迫自己大量运动，一起愉快地减肥吧。

相信我，相信你自己，假以时日，你一定会遇见更美、更健康的自己！

董美仙

2022年8月

目录

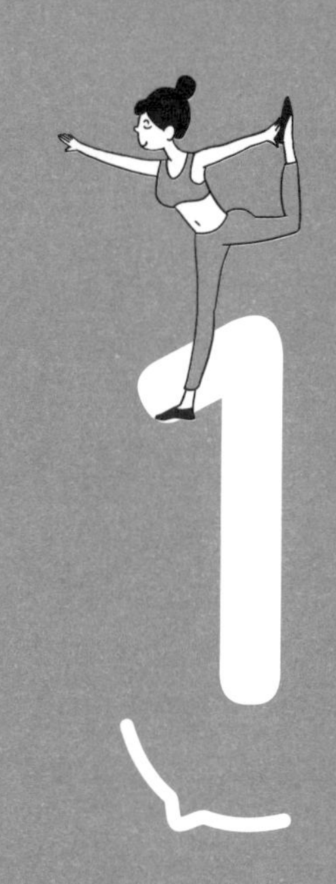

第一章

不了解自己，怎么减肥呢

1. 你胖吗

想知道自己胖不胖，最基本的指标有3个：体重指数、体脂率和腰臀比。

体重指数

体重指数（简称BMI）是体重与身高的平方的比值，是常用的衡量人体胖瘦程度及健康程度的标准。

$$BMI=体重（千克）/[身高（米）]^2$$

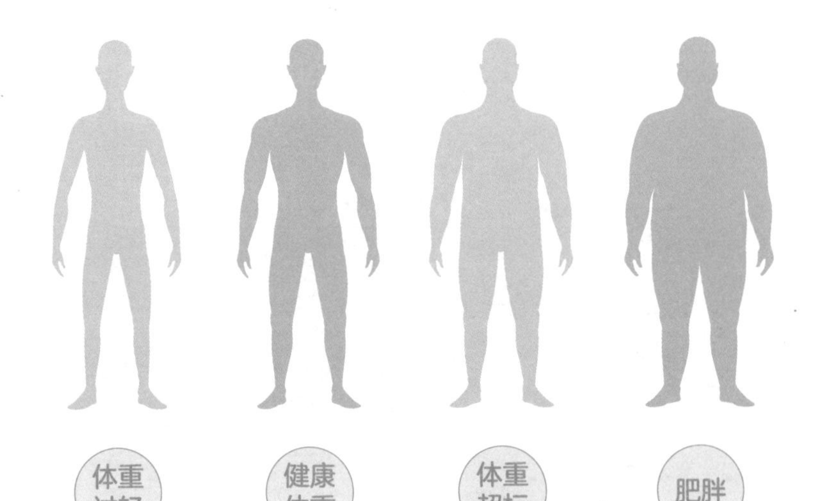

成人 BMI 标准

体型	WHO 标准	国内标准
消瘦	<18.5	<18.5
正常体重	18.5~24.9	18.5~23.9
超重	25.0~29.9	24.0~27.9
肥胖	≥ 30.0	≥ 28.0

注：成人 BMI 不适合下列人群：年龄小于 18 岁者、运动员、肌肉特别发达者、孕妇、哺乳期妇女、体弱者或需久坐的老人。

体脂率

体脂率是脂肪占总体重的比例。一般家用的体脂秤可以测定体脂率，但不够精准，建议去体检机构或健身机构测量。对于“偷着胖”（看着似乎不胖，脂肪堆在内脏）的人，体脂率是衡量身体肥胖程度的重要指标。

标准

一般而言，男性体脂率在14%～24%，女性体脂率在21%~31%的范围内，都是属于健康范畴的。但是从体型健美的角度考虑，男性体脂率在14%~18%，女性在21%~25%会比较理想。当然，体脂率只是全身脂肪含量的指标，体型还与脂肪分布的部位有关。有的人体脂率不算高，但脂肪集中在腹部、臂膀等部位，看起来就会比较胖，脂肪分布导致的体型不美，需要局部塑形。有的人体脂率高，但脂肪分布均匀，尤其是分布在内脏等隐蔽的部位，看起来可能不会显得肥胖。这种类型的肥胖对健康的危害大，更需要密切关注。

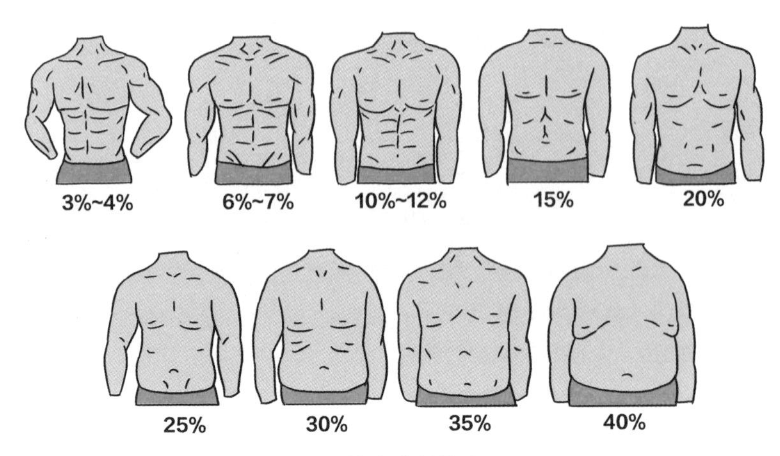

不同体脂率的体态

腰臀比

腰臀比反映了腰腹部脂肪的堆积程度，在一定程度上可以衡量内脏脂肪的情况。

标准

女性的腰臀比在0.85以下，男性在0.9以下，都属于健康范围，反之则异常，提示内脏脂肪堆积，表现为大肚腩、啤酒肚。腰臀比失衡，表现为中心性肥胖的苹果型身材和下半身肥胖的梨形身材，与梨形身材相比，苹果型身材患心脑血管疾病的风险更大，更需要加强减脂。

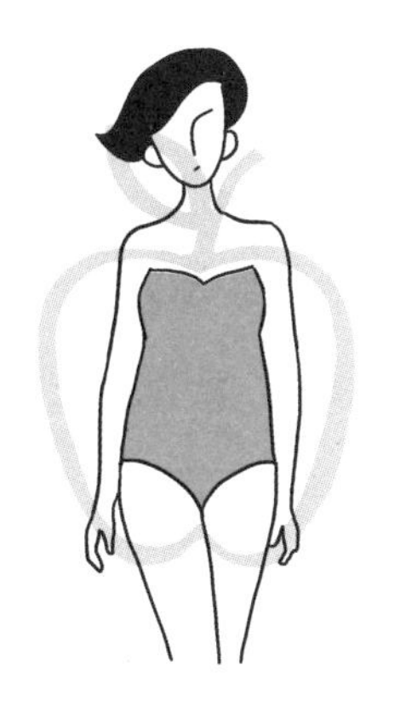

苹果型身材：
中心性肥胖，内脏脂肪堆积

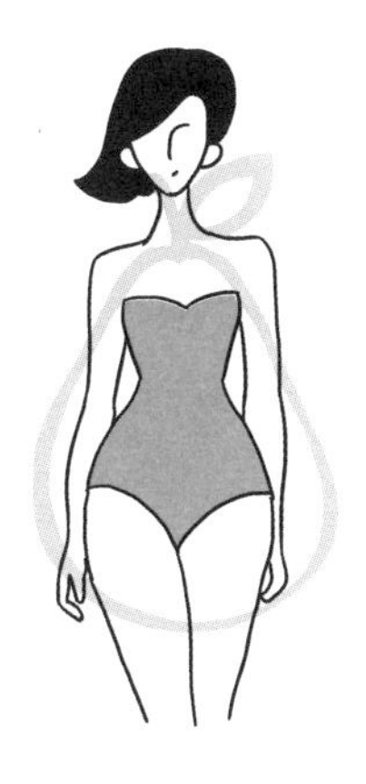

梨型身材：
下半身肥胖为主

腰臀比测量方法：

测腰围

竖直站立，双足分开25~30厘米，站稳，平稳呼吸。找到身体左右侧面胯骨上缘（大腿骨骼最高点）与肋骨下缘连线处，找到连线的中点，用一条没有弹性的软尺，沿着左右两侧的两个中点绕一圈，就是腰围读数。

测臀围

同上姿势，用没有弹性的软尺，沿着臀部最宽处水平绕一圈，就是臀围读数。

腰臀比即腰围与臀围的比值，BMI、体脂率和腰臀比，有任何一项超标，均可判断为肥胖，当然，如果想要精准地诊断，需要到专业的机构进行检测。如果这三项指标都正常，但看起来还是比较胖，就要看看是自己的体型体态不够好，还是肌肉量不足了。

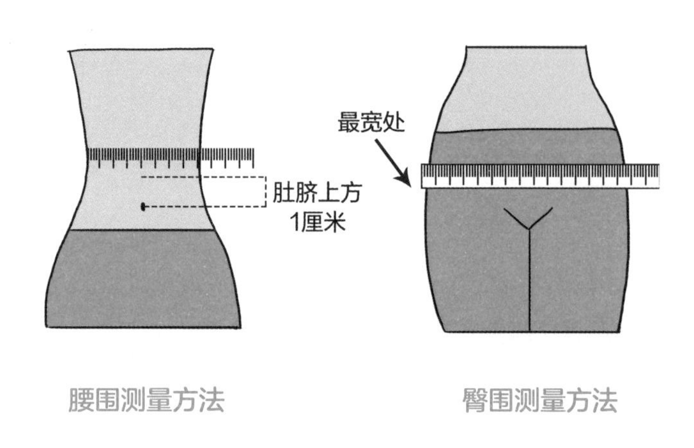

腰围测量方法　　臀围测量方法

腰围及腰臀比的建议值

腰围：男性< 90 厘米，女性< 80 厘米

腰臀比：男性 >0.9, 女性 >0.85

2. 你属于哪种肥胖类型

快来对号入座吧

“喝水都胖”型

❶ 主要表现

与身边那些“狂吃不胖的瘦子”相比，你不像他们那么容易有饥饿感，甚至一天不怎么吃饭也不会饿，每餐吃得并不多，但一直是偏胖的，稍微吃多些就会胖得更快，千辛万苦节食减掉的体重，稍一馋嘴就快速反弹了，简直就是“喝水都胖”。

❷ 关键原因

如果你是这一类型的“小胖友”，请记住，你的关键词是“基础代谢率低”！

基础代谢是指维持生命活动最基本的能量消耗，即我们不吃不动不思考时，身体仍要维持心跳、呼吸、胃肠蠕动、免疫清除、生长发育、肌肉紧张度等需要的能量消耗。基础代谢占我们全天能量消耗的60%~70%。以女性为例，基础代谢率（BMR）低的人可能每天只消耗1150千卡的能量，而BMR高的人可能消耗超过1350千卡的能量，也就是说，人家躺着不动消耗掉的热量，你要跑步至少半小时才能追平！

基础代谢量（千卡）可以通过以下公式算得，但结果不是很精

基础代谢量
1350 千卡

确，受人种、体型、食物结构、活动量、睡眠、体表面积、药物、年龄和环境温度等因素的影响。

女性＝

661+9.6× 体重（千克）+1.72× 身高（厘米）-4.7× 年龄

男性＝

67+13.73× 体重（千克）+5× 身高（厘米）-6.9× 年龄

基础代谢率低主要与以下因素有关：

① 你爸妈也胖（遗传因素）

一项研究显示，在与父母一起生活的子女中，双亲体重正常，

子女肥胖的发生率为10%；双亲中一人肥胖，子女肥胖的发生率为50%；双亲均肥胖，子女肥胖的发生率高达70%。也就是说，“喝水都胖”的体质很可能是遗传自父母，即父母也是基础代谢率低，容易发胖的人。这项研究的前提是子女和父母的生活方式基本一致，因为遗传虽然强大，但和生活方式相比，遗传因素的影响只占了15%左右。

② 缺少来自肌肉的“燃卡力”

保持肌肉的张力是基础代谢中最重要的部分，肌肉含量高则通过基础代谢消耗的热量也高，肌肉含量少则基础代谢率也相对偏低。研究显示，男性通过力量运动增加肌肉可以提高基础代谢10%左右，女性虽然不容易长肌肉，但运动同样有助于提高基础代谢水平。

③ 饮食不合理

饮食不均衡，肉食吃得多，果蔬吃得少，食物太精细，缺少糙米、全麦等粗粮杂粮，导致食物中B族维生素，以及钙、镁、锌、硒等微量元素摄入不足；吃太多的加工食品也不利于提高基础代谢，加工食品中的防腐剂、加工助剂、色素和香精等物质，可能会造成体内代谢阻滞，从而逐步降低基础代谢水平。

④ 肠道菌群失调

肠道黏膜展开后的面积相当于一个网球场的大小，上面覆盖着数以万亿计的细菌，其中的益生菌对蛋白质、脂肪和糖类三大能量物质的代谢具有调节作用。虽然目前的研究还未能完全揭示其机制，但大样本的临床研究显示，基础代谢率高的人群，其菌相结构具有一定的相似性。据发表在《自然微生物学》与《科学》上的研究显示，肠道中的厚壁菌、脱铁杆菌、梭菌等丰度高的小鼠在高脂饮食喂养中不易发胖，研究认为其与*DUSP*6、*MYD*88等基因有关。

⑤ 内分泌紊乱降低基础代谢

当我们处于紧张、焦虑、愤怒、愧疚和悲伤等不良情绪时，或熬夜加班时，压力激素皮质醇的分泌量会增加，皮质醇的增加在短时间内会影响胰岛功能，导致血糖的剧烈震荡，一段时间后可影响甲状腺与性腺功能。内分泌系统的紊乱会导致代谢紊乱，进而降低人体的基础代谢。

⑥ 年龄增长

不论男女，在我们20岁左右时，身体里的雄性激素与雌性激素的分泌量达到高峰，之后每十年递减约15%，到50岁左右，体内性激素分泌水平降低到25岁时的一半左右。性激素的分泌降低以及性激素不平衡会影响体内三大能量物质（蛋白质、脂肪、碳水化合物）的代谢，减慢身体的基础代谢。这也是中老年人容易“发福”的原因之一。

提高基础代谢率，就是打造“易瘦体质”，让你也可以“躺着瘦”“吃着瘦”。本书后面章节会有针对性地讲解应该吃什么样的食物，怎样打造肠道菌群环境，如何合理增肌，以帮助你提高基础代谢。

“越累越胖”型

① 主要表现

工作或学习压力大，经常熬夜，作息不规律，感觉很累，吃不好、睡不好、心情也不好，一段时间后发现自己反而变胖了，尤其是腹部……

② 关键原因

如果你是这一类型的“小胖友”，请记住，你的关键词是“压力激素”！

“越累越胖”中的“累”主要指的是心累，也就是压力，不包括单纯性的身体疲累。

大脑感受到压力时，人体会分泌压力激素——皮质醇，皮质醇的作用就是让糖留在血液里，用以支持对抗压力时所需的爆发力；同时皮质醇也会忙着把摄入体内的热量尽可能多地转化为脂肪储存起来，这是一种人体天然的保护机制，因为我们聪明的大脑担心这么大的压力会消耗过多的能量，要多储存能量“备战备荒”来保护你。只要皮质醇水平高，这个存储脂肪的过程就停不下来，不管你有没有足够的存储空间，内脏周围、肠系膜等部位也都会被脂肪包围，从而不仅表现为全身肥胖，还会产生腹型肥胖。

更可怕的是，皮质醇还会打压其他企图和它作对的激素，它会抑制甲状腺素的分泌，降低雌激素、雄激素的水平，同时皮质醇还会将正常的消化、呼吸等生理活动调到最低。总之，在遇到压力时，身体会调动一切力量优先保证你的生存，而生存重要的就是要储存燃料——脂肪。

另外，人在心理疲累的情况下，往往不想运动，睡不好觉，这也加重了肥胖的产生。

以下情形会被我们聪明的大脑判定为你有压力：

- 熬夜或睡眠质量差
- 紧张、焦虑、抑郁、思虑、生气
- 作息不规律，黑白颠倒
- 加班加点，工作压力大
- 三餐不规律，血糖波动大
- 过度节食
- 过度运动

每个人的承压能力不同，有的人比较敏感，别人的一句夸赞，一个眼神，都会引发心里的涟漪；有的人比较钝感，不太容易产生压力。一般认为压力的产生和人的性格特点有关。

大脑对压力的判定和我们对压力的定义有所不同，大脑会把你身体的过度消耗或非常规反应也判定为压力，大脑认为在压力下你需要更多能量，因此它会启动节能、储能模式。

如何纾解压力？如何睡个好觉？这是压力型肥胖的小伙伴们在减肥路上需要解决的首要问题，本书后面章节我会帮你量身定制“减压大法”。

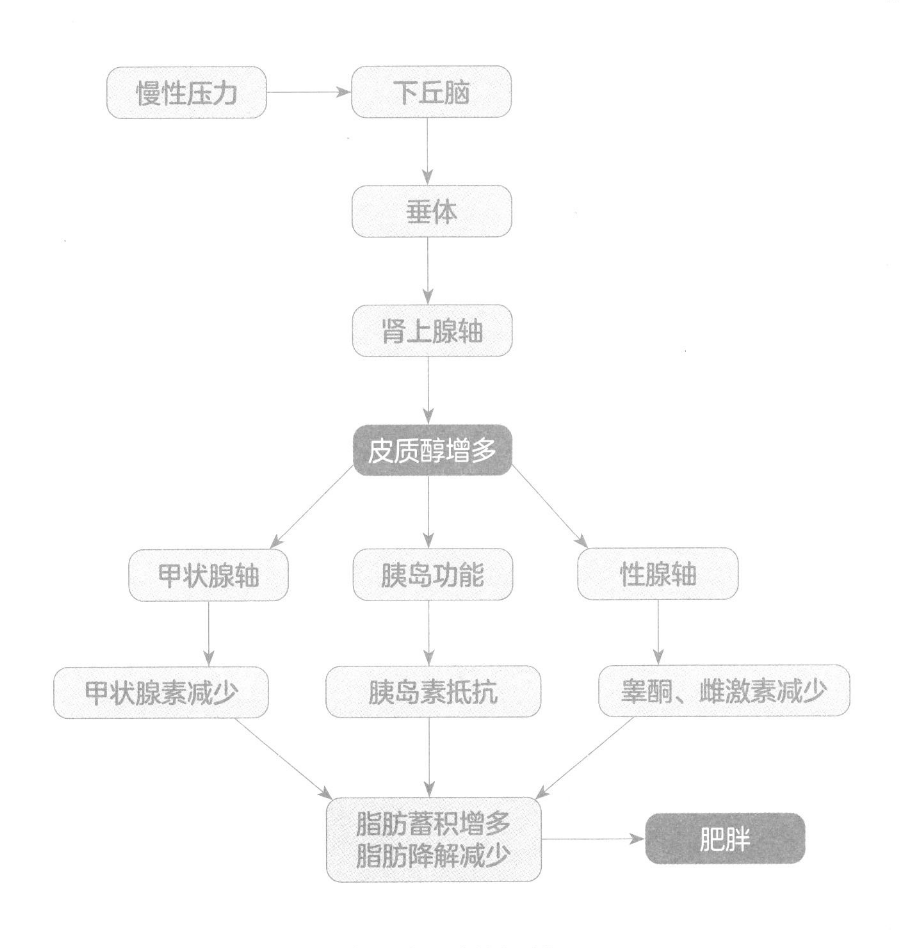

压力导致肥胖的机制

“中年发福”型

❶ 主要表现

人到中年，即便和年轻时保持着同样的一日三餐和起居作息，也会变得容易发胖，圆胖脸、麒麟臂、大肚腩、水桶腰，防不胜防。

特别提醒：在各种肥胖类型中，腹部肥胖者（大肚腩）的健康风险最大。过多的内脏脂肪会干扰内分泌系统，增加中风和心肌梗死等心脑血管事件的发生率。

❷ 关键原因

如果你是这一类型的“中年胖友”，请记住，你的关键词是“性激素水平”！

男性40岁以后，睾酮水平会明显下降。睾酮在肌肉细胞内会促进蛋白质合成，抑制蛋白质分解，从而促进肌肉生长。睾酮水平的下降会减少肌肉的生成，加速肌肉流失，导致基础代谢率的降低。同时

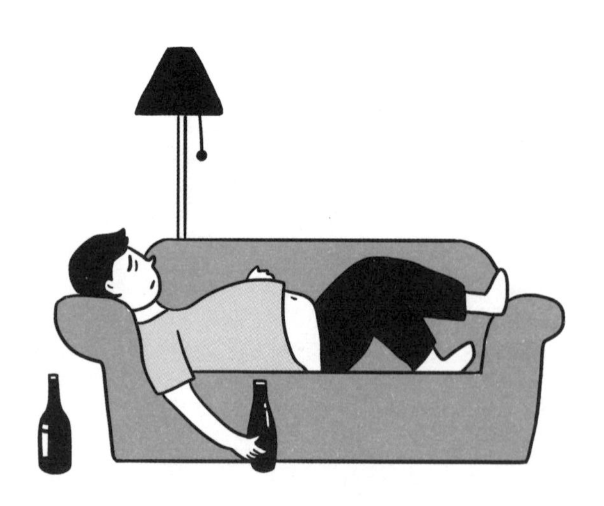

睾酮协同其他激素，抑制脂肪的增加并加强脂肪的分解代谢。因此，相比年轻人，中年男人长肌肉难而堆积脂肪易，一旦缺乏运动则肌肉流失加速，身型会变得松垮，不再挺拔。腹部肠系膜是脂肪组织最容易堆积的地方，再加上久坐不动，应酬交际，大肚腩也就随之而来了。

对中年女性而言，40岁以后卵巢功能减退，逐步进入更年前期和更年期，体内雌激素与孕激素水平明显下降，肾上腺皮质功能代偿性亢进，糖皮质激素分泌增加，促进了脂肪的吸收和储存，脂肪会大量堆积在肩背和腰腹臀部。同时，人到中年，机体各器官系统的功能逐渐衰退，细胞代谢缓慢，能量消耗减少，加之运动不足，就很容易“中年发福”。

另外，青春期、孕产后以及长期服用激素类避孕药，或者由于内分泌疾病服用调节类药物等导致的肥胖，也与内分泌密切相关，具体情形需要甄别对待。

对于40岁以上的人，建议每半年到一年去医院或体检机构检测自己的内分泌水平，针对性地加以预防，是对抗“中年油腻”的有效方法。本书在后面章节会具体讲解。

“胡吃乱吃”型

❶ 主要表现

一日三餐不讲究，想吃什么就吃什么，想怎么吃就怎么吃，有啥吃啥瞎凑合；或经常应酬交际，肥腻煎炸，暴饮暴食；或经受不住“糖衣炮弹”，甜品饮料来者不拒；或营养结构不合理，饮食不规律。那么，“胖”只是时间问题啦。

② 关键原因

如果你是这种类型的“小胖友”，请记住，你的关键词是“饮食结构不合理”。

我们一日三餐吃的食物，提供了身体所需的七大营养素：蛋白质、脂肪、碳水化合物、维生素、矿物质、纤维素和水。七大营养素可以粗略地分为供能营养素和调节能量代谢营养素两大类，其中蛋白质、脂肪和碳水化合物是三大供能物质，它们是身体一切活动的“燃料”，细胞的新陈代谢、心脏的跳动、神经的传导、大脑的思考，无不需要能量。这三大能量物质的消化、吸收和代谢，以及在体内的运转均离不开维生素、矿物质、纤维素和水。这七大营养素在质和量方面的均衡是身体有序运转的根本，任何一种营养物质的过量与不足，都会牵一发而动全身，最终导致全身系统的紊乱。

若只注意食物的口感和味道，不注意饮食的搭配与均衡性，便可能会摄入太多的脂肪，过量的氨基酸配比不合理的非优质蛋白质，或摄入了过多的碳水化合物，而忽视了富含微量元素与纤维素的蔬果薯类与杂粮等，造成三大能量物质吸收与代谢的异常。身体在使用“燃料”时有优先次序，最先使用的是碳水化合物的代谢产物葡萄糖，它相当于我们口袋里的零花钱；血液中葡萄糖太多时，肝脏将葡萄糖转化为肝糖原存储起来，它相当于活期存款，随存随取；脂肪相当于定期存款；蛋白质构成我们身体的结构，相当于固定资产。身体“花钱”的顺序基本上是“零花钱”“活期存款”“定期存款”。在过度节

食、过度运动或患有消耗性疾病时，身体也会直接“燃烧”蛋白质以救急。

身体“存钱”还是“取钱”？怎么花？花多少？很大程度上取决于血糖水平，胰岛细胞分泌的胰岛素就是执行血糖调度任务的工具。粥、粉、米、面等容易消化的食物，以及各种含有精制糖的甜食，具有较高的升糖指数（GI值），会短时间内飙升血糖，血糖升高则胰岛素分泌增加，肝脏开始储存肝糖原，合成脂肪；血糖低时，肝糖原分解，补充血糖。血糖的起伏震荡，导致胰岛细胞一会儿“存钱”一会儿“取钱”，一开始还能应付（胰岛功能代偿期），时间久了，胰岛细胞开始疲于应对，无所适从，最后自己都病了（胰岛素抵抗），由此可见，控制血糖震荡对于减肥和预防糖尿病都非常重要。

合理饮食，身体收支有度，偶尔吃多些或吃少些，不会打破身体的调节性，体重都可以控制在基本稳定的状态；而不合理的饮食结

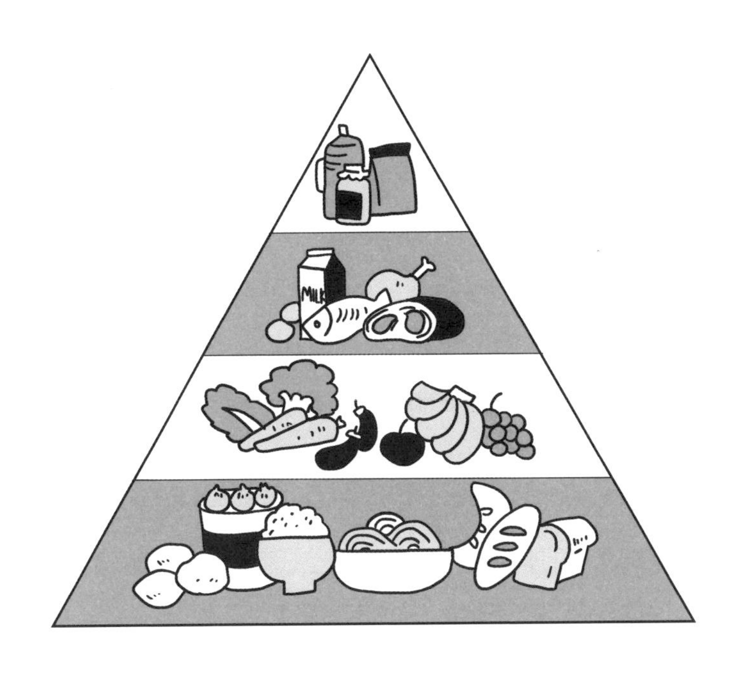

构，会让身体代谢调节紊乱，形成营养过剩（如脂肪、碳水化合物和蛋白质过剩）与营养不良（如微量元素、膳食纤维缺乏）并存的恶性循环，不只表现为身体的“胖”，还会带来多种与代谢相关的健康问题。

因此，减肥首先要学会科学饮食，做到食物均衡性与优质性的合理搭配，在减脂塑形的同时，呵护身体健康。关于科学饮食，本书后面章节会详细论述。

“偷着胖”型

❶ 主要表现

人看起来并不胖或者只是看起来比较结实，体重在正常范围内，做体成分检测时却发现体脂率超标，这种“偷着胖”学名叫作“正常体重肥胖（NOW）”，亚洲人更常见。美国一项针对6171人的随访追踪研究显示，这种“假瘦子”与“真瘦子”相比，代谢综合征患病率高4倍，也就是说，这类人三高的风险显著增高，需要引起格外关注。

❷ 关键原因

如果你是这种类型的“小胖友”，请记住，你的关键词是“内脏脂肪问题”。

内脏脂肪产生的原因，主要有如下几点：

- 饮食结构失衡导致三大能量物质代谢失常
- 长期压力导致皮质醇分泌增加，皮质醇启动保护性应急模式，增加脂肪的储存以“备战备荒”，同时抑制甲状腺素、性激素等的分泌，减少呼吸、消化等的消耗

- 随着年龄的增长，性激素水平下降，影响脂肪的代谢与分布
- 缺乏运动

“体态不佳”型

① 主要表现

可能你体重指数与体脂率并不超标，但看起来体态还是不够优美。

女性：胳膊胖，让你看起来“很厚”，少了“纸片人”的轻盈感；胸型不佳，臀部扁平，腰部赘肉让身材不够曲线动人。

男性：胸部、肩部肌肉量少，整个人看起来松垮没有力量感；“将军肚”导致体态不佳，身姿不够挺拔。

② 关键原因

如果你是这一类型的“小胖友”，女性的关键词是“局部塑形与体态锻炼”；男性的关键词是“增肌与局部塑形”。

体型体态与长期的习惯有关，有的人走路或坐着时习惯于含胸驼背腆肚；有的人天天坚持跑步，但几乎没有做过肩部臂膀与腰腹部的锻炼；有的人习惯工作学习时侧身歪头。长年累月的积累，加上肌肉的流失，以及激素下降带来的脂肪分布与堆积问题，如果不有意识地纠正不良习惯，积极地进行局部锻炼与塑形，体型体态就会变得不美了。

试着养成以下习惯，你的体型体态会有改善：

- 走路时、坐着时、开车时，记得提醒自己要有意识地挺胸、扩肩、收腹、提臀
- 坐着时，尽量不跷二郎腿，实在喜欢跷，请不时地交换双腿

- 不要“葛优躺”，即便是躺着，也要尽可能让脊柱保持放松的状态
- 针对臂膀、腹部、臀部等的问题，请专业人士指导并学习几组塑形动作，每天坚持锻炼
- 坚持运动，保持肌肉量，有助于骨骼健康与身姿挺拔

关于体型体态的问题，本书不作重点讲解，小伙伴们可以自行在网上或去专业的健身机构咨询哦。

小结：肥胖类型

现在，你知道自己是哪种类型的“小胖友”了吗？这些肥胖类型中，除了“体态不佳”外，其他类型的肥胖虽然有各自的主要原因，但导致肥胖的所有因素都是互相影响的，不会孤立存在。

“喝水都胖”型的关键原因是基础代谢低，饮食结构、肠道菌群、长期压力、年龄因素，以及激素水平都会影响基础代谢；

“越累越胖”型的关键原因是压力引发压力激素——皮质醇的分泌，但皮质醇与甲状腺素、胰岛素、性激素之间存在着连锁反应，牵一发而动全身，累及基础代谢；

“中年发福”型的关键原因是性激素水平的下降，性激素水平与饮食结构、肠道菌群、慢性压力及胰岛功能等密切相关，也会影响基础代谢；

“胡吃乱吃”型的关键原因是饮食结构失衡导致能量代谢异常，饮食结构失衡也会直接影响肠道菌群、胰岛功能，以及性激素的合成与分泌等；

“偷着胖”型与以上各种类型肥胖的成因均有关。

另外，运动不足是各种肥胖类型的共性原因。本书在介绍轻松减肥的具体方法时，会针对各种肥胖类型的共性问题

（如基础代谢、饮食结构、运动不足等）提出解决方案，同时针对个性的原因（如压力、激素问题等）给予针对性的建议。

当然，本书只能提供相对普适性的解决方案，如果需要个性化的指导，请您咨询专业人士。另外，需要说明的是，本书只针对健康的肥胖人群，如属于疾病引起的肥胖，需要积极治疗原发病。

第二章

定个小目标，描绘心中最美的自己

现在，你知道自己是哪种类型的肥胖了，也知道了导致肥胖的主要原因，接下来的内容中，我将引导你找到适合的减肥方法。在这之前，你需要知道什么是理想的体型，再给自己定一个可以达成的目标，描绘出心中最美的自己，因为这样才能动力十足地减肥呀。

1. 什么是理想的体型

理想身材的标准

- 上身和下身黄金比例为5：8
- 颈围=小腿围
- 胸围=1/2身高
- 上臂围=1/2大腿围
- 腰围－胸围=20厘米
- 腰围－大腿围=10厘米
- 大腿围－小腿围=20厘米
- 女性髋围－胸围=4厘米

女性理想体型

天鹅颈 颈部曲线优雅，细长

蝴蝶骨 挺直背部时，颈下凸显出两块肩胛骨

丰满胸 圆润挺拔

纤细腰 纤细，无赘肉

蜜桃臀 臀部圆润，紧致，上翘

马甲线 肚脐两侧有两条直立的肌肉线

筷子腿 均匀细直，膝盖骨不突出

列出需要改善的地方

（尽可能细致地列出）

1. 肩膀浑圆，肥厚

2. 有些小驼背

3. 臀部不翘

……

描绘出你想要成为的自己

找一张目标照片打印出来，贴在下面，也可以贴在书房、冰箱、电脑、镜子等随处可见的地方，每天不断激励自己（建议是一张修好的美照哦）。

男性理想体型

宽肩 胸围（厘米）=身高（厘米）×0.25

厚胸 胸围（厘米）=身高（厘米）×0.52

平腹 腰围（厘米）=身高（厘米）×0.37

腹围（厘米）=身高（厘米）×0.457

窄臀 臀围（厘米）=身高（厘米）×0.542

壮腿 腿围（厘米）=身高（厘米）×0.26+7.8

列出需要改善的地方

（尽可能细致地列出）

1. 肚腩明显

2. 没有胸肌

3. 全身脂肪多肌肉少

……

描绘出你想要成为的自己

找一张目标照片打印出来，贴在下面，也可以贴在书房、冰箱、电脑、镜子等随处可见的地方，每天不断激励自己（建议是一张修好的美照哦）。

2. 你的计划

成为以上描述的自己，你希望的时间是多久？

请记住，减肥不能追求一蹴而就，每个月减重2~4公斤是相对合理的速度，减重太快会有损健康哦。

列出你的计划吧

计划开始的时间：_____年_____月_____日

计划将体重从_____降低到_____公斤

体脂率达到_____

腰臀比达到_____

需要减脂塑形的部位有：_______________________

计划达成的时间：_____年_____月_____日

我的现状

（可以贴上你的身体成分分析报告）

身　高：________ 体　重：________ BMI：____________

体脂率：________ 肌肉量：________ 内脏脂肪：________

我对自己身材不满意的地方：____________________

____

____

____

我的目标

身　高：________ 体　重：________ BMI：____________

体脂率：________ 肌肉量：________ 内脏脂肪：________

局部塑形目标：________________________________

____

____

____

我计划用________个月达成目标。

开始前的准备工作

开始计划前要做好充分的准备，这样才能坚持下去直到成功，如果只是心血来潮或一时兴起，就很可能会因为各种原因半途而废。

减肥计划开始前，你需要做哪些准备呢？

心理准备

- 做好持之以恒地改变生活方式的准备

运动准备

- 准备两套舒服又好看的运动衣裤和运动鞋
- 购置一两件可以居家运动的工具，如弹力带、哑铃、腹肌板、扭腰盘等
- 每天预留好20~30分钟的运动时间；或者将运动时间调整为每周至少3次，每次1小时
- 也可以选择一家方便的健身房

饮食准备

- 准备戒掉不健康的零食和快餐
- 选好一家可以买到优质食材的超市

- 准备好在家自制简单食物的烹饪器具，如电炖盅、豆浆机、控油的微蒸烤箱等
- 找几家轻食类或蒸煮类餐厅，作为需要在外就餐的选择
- 买一些代餐或膳食营养补充剂，如益生菌、益生元、膳食纤维、蛋白肽饮品、复合维生素等

其他

- 打造优质的卧室环境，选好床上用品，为舒适的睡眠提供条件

第三章

来，开始愉快蜕变吧

1. 减肥两大原则

原则一：摄入的热量 < 消耗的热量，自然就瘦下来了

摄入的热量就是我们一日三餐吃进肚子里的食物，其中，1克蛋白质和1克碳水化合物可以产生4千卡的热量，1克脂肪产生9千卡的热量，纤维素、维生素、矿物质等参与调节这三大能量物质的代谢，但不会产生热量。

消耗的热量=基础代谢（60%~70%）+活动消耗（15%~30%）+食物热效应（5%~10%）

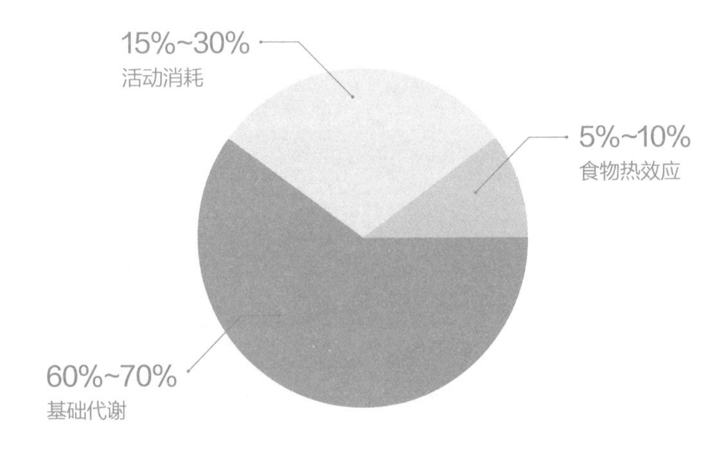

基础代谢	当我们不吃、不动、不思考时，身体维持基本的生理功能所需要消耗的热量。
活动消耗	看书、学习、工作、运动、做家务等活动需要消耗的热量。
食物热效应	消化和代谢食物本身需要消耗的热量，蛋白质食物的热效应为本身产生能量的30%~40%，脂肪为4%~5%，碳水化合物为5%~6%。

举个例子

根据2020年的《中国食物成分表》，100克牛肉（瘦）含有20克蛋白质，2.3克脂肪，1.2克碳水化合物，可产生约106千卡的热量。其中20克蛋白质的最大热效应为20×4×40%=32千卡，2.3克脂肪的最大热效应为2.3×9×5%=1.035千卡，碳水化合物的最大热效应为1.2×4×6%=0.288千卡，则100牛肉在体内最终产生的热量为106-32-1.035-0.288=72.677千卡。

100克馒头（由小麦标准粉蒸制而成）中含有7.8克蛋白质，1克脂肪，48克碳水化合物，可产生233千卡的热量。其中7.8克蛋白质产生的最大热效应为7.8×4×40%=12.48千克，1克脂肪的最大热效应为

1×9×5%=0.45千卡，48克碳水化合物的最大热效应为48×4×6%=11.52千卡，则100克馒头最终产生的热量为233-12.48-0.45-11.52=208.55千卡。

由此可见，同样质量的食物，蛋白质含量高的热效应消耗的热量明显要高，对减肥人士而言，这些热量消耗也是一笔可观的“支出”哦。

热量控制仅是一道简单的算术题吗？只要消耗>摄入就可以减重了吗？其实不是，减肥还有第二条原则。

原则二：摄入的热量要被消耗，而不是被储存

我们都希望饮食摄入的热量可以被身体“大手大脚”地挥霍掉，而不是“抠抠搜搜”地攒起来，热量能够大肆被挥霍，不就是我们羡慕的“狂吃不胖”嘛。

什么情况下身体会想要“攒钱”呢？答案很简单，就是当它认为你入不敷出时，或者认为你处于需要“备战备荒”的紧急时期。入不敷出是我们追求的减肥原则吗？其实，消耗大于摄入的原则，只能在严重肥胖需要尽快减肥的时候短期内采用，身体不能长期处于消耗大摄入少的状态，时间久了，身体就会发出指令，增加能量储存。这也是为什么靠“饿瘦自己”减肥很难成功的原因。

我并不鼓励单纯地通过“饿”来减肥。所谓“备战备荒”就是当你处于忙碌、焦虑及压力很大的情形时，大脑会自动判定你需要“广积粮”，因而会启动“节约模式”，最大可能地减少消耗，增加

能量储存。

如何让身体不启动“节约模式”呢？大脑一旦发现我们有压力，就会释放压力激素皮质醇，降低消耗，减少基础代谢，想方设法储备脂肪，所以，想要不启动节约模式，就不要让大脑感受到压力，尽可能疏解产生的压力。另外，体内胰岛素、甲状腺素和性腺激素都与能量代谢密切相关，也需要加以重视，从而减少热量的存储。

基于以上两大减脂原则，接下来详细讲解减肥的六大要素。

2. 减肥六要素

要素一：打造“减肥脑”，让聪明的大脑帮你减肥

❶ 不要让大脑认为你有压力

前面讲过，我们有个聪明的大脑，它的出发点就是让我们好好活下去，因此大脑对危机应对有着执念，总是怕我们会饿坏自己、愁坏自己、累坏自己，一旦发现我们比以往吃得少了，它就会启动节约模式，激活相关基因，降低代谢，增加储存。吃得少大脑就让你消耗得少，一吃就长脂肪，因此你难以瘦下来甚至会越饿越胖。当大脑发现你焦虑、紧张、压力大时，就会开启应激保护，分泌压力激素皮质醇，导致胰岛素抵抗，同时抑制甲状腺素与性激素的作用，增加脂肪合成，减少脂肪分解，一轮“神操作”下来，你会越累越胖……

概括而言，大脑优先保障的是我们的生存问题，当它察觉或判定你有生存危机时，就会“坐镇指挥”启动保护机制（基本上都是让你长胖的机制）。

❷ 以下情形会被大脑判定为“你面临生存危机”

熬夜，该睡时不睡；紧张、焦虑、抑郁、思虑、生气；加班加点，工作压力大；过度节食（怕你过度饥饿）；过度运动（怕你过度劳累）。为避免上述情形的发生，规律作息，按时吃饭，学会排解不良情绪与压力，调适心情，都是有利于让大脑放松警惕不储存脂肪的方式，可以起到事半功倍的效果。

③ 吸引力法则

我们内心的潜能是巨大的，只是很多时候我们并不知道。心理学上有个词叫“吸引力法则”，指的是你内在的信念会吸引相应的事情发生，若换成通俗的表达，我觉得可以叫作“心想事成”。这听起来有些唯心主义，但也是有科学依据的。英国的一项研究发现，当人们高兴、伤心、焦虑时，心脏会分泌不同的血清素，进而引发身体相应的物理化学反应，从而影响到身体的变化。大家可能看到过一些报道，如癌症患者环游世界、隐居山林、潜心公益或一心向佛等，放下对疾病的恐惧，无忧无虑地平静生活一段时间后，意外发现癌肿居然变小了甚至不治而愈了。还有一个广为人知的实验，实验要求所有人每天对着一个女孩子讲“你很漂亮”，一段时间后，这个女孩子真的变漂亮了。这些个案的真实性我们无从考究，奇迹背后的科学道理也没有被完全揭示，我是想让大家了解和感受来自心的力量。对于减肥这件事，“吸引力法则”依然存在，我们要巧妙地利用内心的潜能帮助我们事半功倍。

那具体怎么做呢？在上一章节，我让大家描绘出你心中最美好的自己，现在就请你把这个形象再具体化一些，你可以找一张以前自己身材很棒时的照片，也可以把现在的照片修图成自己最想成为的样子，然后多打印几份，贴在你随处可见的地方：手机和电脑屏幕上、浴室镜子上、梳妆台上、冰箱上、书桌上、床头柜上、进门的玄关处，等等，每次看到这些照片在心里对自己说：“我一定会变成这个样子的！”当你看着镜子里的自己时，想象自己已经变成了这个样子，微笑着肯定自己；睡觉时，告诉自己今天比昨天更好了，我正在

变成自己想要的样子……

要打造“减肥脑”，千万不要在心里说“丧气”的话，如“我从小就胖，怎么可能瘦下来呢?”“哎，试了很多方法都不成功，我是不可能瘦了。”“我爸妈都胖，估计是遗传的，努力也是白搭。”“再努力都白搭，一不小心就全线反弹了。”“这几天应酬多，吃饭不注意，恐怕要前功尽弃了呢。”

请记住，不要用负面的话语暗示我们的大脑，而是要转为积极的信念，相信自己会减肥成功的，会变美、变健康的。用积极的心态和自己的身体对话，这样不断强化，让大脑牢牢记住你想要成为的样子，大脑的潜能就会开始帮助你了哦。

要素二：你需要有一条“减肥肠”

❶ 什么样的肠道才是“减肥肠”呢？

一条充满益生菌的健康肠道。

肠道是身体中面积最大的器官，肠道黏膜全部展开有400~600平方米，相当于一个网球场的大小。在这么大的面积上面，密密麻麻地覆盖着三类细菌：有益菌、有害菌和条件菌（中间派，两边倒）。这些数以千亿计的细菌通过抢占肠道黏膜的地盘获得居留权，发挥影响力。有益菌就是益生菌，当益生菌占绝对优势时，有害菌就会被抑制。

益生菌会对身体健康产生多种作用，主要包括以下五方面：

- 调节肠道节律，消除炎症，改善腹胀、便秘、腹泻等肠道问题
- 促进短链脂肪酸、B族维生素、钙、铁、短肽、氨基酸等营养物质的重吸收
- 调节免疫，全身60%~70%的免疫细胞集中在肠道，益生菌本身及其代谢的产物直接调节免疫机制。同时益生菌会抑制有害菌的增殖，分解肠道内毒素，也可以减少免疫消耗

- 调节代谢，某些益生菌对三高和肥胖人群有一定的预防与辅助改善的作用
- 脑肠轴作用。肠道益生菌的产生的神经活性物质（如神经递质等）可通过神经调节，影响我们的情绪与认知。益生菌在缓解压力、预防与改善老年痴呆、治疗抑郁症等方面也有一定作用

肥胖的产生，与肠道功能、饮食结构与代谢、情绪压力等关系密切。益生菌的上述作用有助于肥胖的综合改善。

对拥有良好体型的健康人的肠道菌群检测发现，80%以上的受试者肠道菌群结构合理，益生菌占绝对优势。可见，充满益生菌的肠道是维持良好体型的利器。需要说明的一点是，益生菌作用机制复杂，目前的科学研究尚未完全揭示其机制。可以明确的是，益生菌对肠道功能的作用是综合的、双向调节的，不能片面地理解益生菌就是用于减肥的。益生菌可以辅助改善菌群失调、代谢失常引起的肥胖，对于胃肠功能不良、营养吸收障碍导致的消瘦，益生菌可改善身体的营养吸收而增肥。总之，充满益生菌的健康肠道有利于我们保持健康适中的体型。

益生菌占优势的肠道应该叫作“健康肠”，充满益生菌的肠道有助于从根源上改善肥胖，维持身体健康，为了方便大家记忆，本书姑且称之为“减肥肠”。

② 如何打造“减肥肠”？

肠道菌群与种族基因、饮食习惯有关，也与年龄有关。改善肠道菌群最直接的方法是补充优质益生菌。

优质益生菌产品

- 看活菌数：研究显示，益生菌对人体健康起作用的有效剂量是100亿，考虑到胃酸和胆盐带来的损耗，建议每天的益生菌补充量在100亿以上
- 看 配 方：产品配方需要符合中国SFDA认证的菌种及菌种来源
- 看 技 术：益生菌是活着的微生物，口服时容易被胃酸、胆盐破坏，因此，首选有包埋技术的产品
- 看 剂 型：冻干粉（固体冲剂）、油滴剂、胶囊是比较好的剂型，益生菌相对稳定，活性好
- 看 厂 家：益生菌对生产储运有较严格的温湿度要求，建议选择知名大厂商的产品，严格控制生产环节的产品

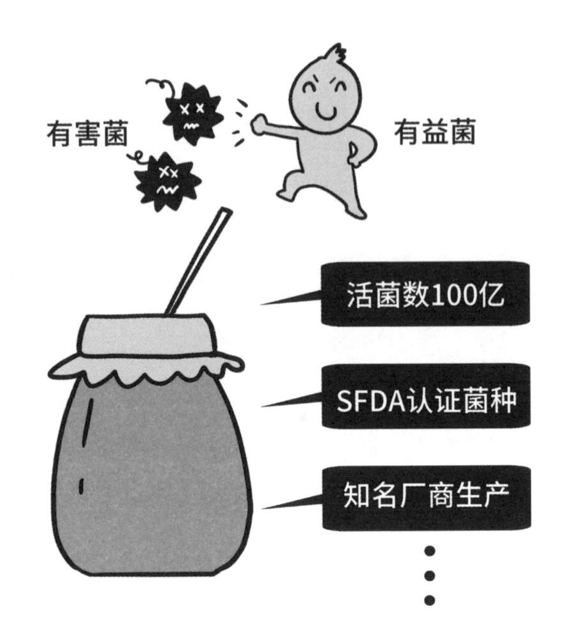

打造减肥肠，除了直接补充益生菌以外，我们也可以通过饮食来补充，市面上有不少富含益生菌的酸奶，可以适当饮用，但建议选择低糖低脂的产品。

补充益生菌的食物（益生元）也很重要，益生元主要是植物多糖、膳食纤维等有益于益生菌生长定植的成分。益生元通过改变肠道环境让益生菌更好地生存，我们可以直接购买市面上的益生元产品，也可以通过一日三餐的饮食来补充。土豆、红薯、南瓜、玉米，以及富含纤维的蔬菜水果、杂粮等，都是良好的益生元食物。

需要注意的一点，服用益生菌时也要多吃富含益生元的食物，只有这样益生菌才能更好地发挥作用。

要素三：管住嘴≠饿肚子，学会与对的食物为友

说到减肥，大家想到的就是“管住嘴，迈开腿”，没错，这两条是减肥绕不开的法宝。“迈开腿”费时费力，不是人人都做得到，为了追求快速有效的减肥效果，“管住嘴”成了更多“胖友们”的首选。

在很多人眼里，管住嘴＝饿肚子，不吃晚餐、断食、零碳水、极低脂肪饮食、只吃菜、饿了就喝水、饿了就睡觉、勒紧裤子少吃或不吃，等等。有的人短时间内确实看到了成效，但不能长久维持；虽然人瘦了，但往往精力体力都有所下降，健康受损，一不小心就会反弹，反复几次后成了易胖体质。

在我看来，管住嘴≠饿肚子，而是要吃对食物，与对的食物为友，愉快地减肥。我把本书倡导的饮食法叫作“愉快饮食法”。

❶ 愉快饮食总原则

① 不用计算热量

每顿饭要做到少而精，不吃垃圾食品，不吃品质不好的食品，不喝含糖饮料，食物种类尽可能多。在你觉得还可以再吃一些，但不吃也不会饿的“七分饱状态”时结束一餐，而不是吃到饱甚至吃到撑。两顿饭中间不再加餐，除非饥饿感明显，可以吃几颗坚果或一小份低糖水果，让自己长期处于微微饿着但又不觉得难过的状态，同时在心里为可以这样节制饮食、不贪图口腹之欲而赞赏自己。

如果你严重肥胖（参照前面的标准），需要快速减轻体重，可以再适当减少食物摄入，以不饿为度。同时，晚餐可以考虑吃代餐，建议选择至少2~3个不同配方结构的代餐交替食用（如高蛋白的、高纤维的），也可以考虑不吃晚餐，同时建议你可以稍微早一些睡觉，这样不至于饿得难受，引发大脑的压力反应。

当体重进入一个相对比较理想的调定点时，可以持续吃到七八分饱，长期维持。

② 一日三餐热量分配

三餐热量分配建议早中晚4：4：2。早餐一定要吃好。经过一晚上的睡眠，前一天的晚餐已经消化殆尽，吃个丰盛的早餐迎接忙碌的一天是很有必要的。如果你早餐没有食欲，就要检讨是否晚餐过于丰盛？还是睡眠质量不好？采取相应的措施来改善。早餐要有鸡蛋、坚果、肉类等优质蛋白，也要有果蔬、杂粮等，尽量减少白米粥、白面馒头和面包等的摄入，可以用红薯、玉米等杂粮替代，避免血糖上升太快。

丰盛的早餐传递给大脑的信号是：“地主家有余粮了，可以随便挥霍。”在之后一天的活动中，你的代谢会加快，热量消耗增加，而且精力充沛。午餐同样要保证一定的优质蛋白和足够的富含膳食纤维的蔬菜，主食可以考虑用薯类、杂粮等替代，并适当减少主食的量。晚餐可以简单一点，减少食物摄入量，食用易消化和助睡眠的食物，如以蔬菜、豆腐等增加饱腹感，少吃肉类等油腻不易消化的食物，以免影响睡眠质量，好的睡眠对减肥有着事半功倍的作用。

③ 注意进餐时食物的顺序

前面讲过，血糖的平稳对减肥非常重要，切记不要一口气喝两碗粥或大口地吃白米饭、馒头或吃甜食、水果等，这些升糖指数（GI）高的食物会在短时间内让血糖飙升，引发糖原存储，进而生成脂肪。我们建议的饮食顺序是主食、蔬菜与肉类夹杂着吃，或者先吃蔬菜和肉类。

④ 食物的烹饪方法很重要

不建议需要大量油的高温烹饪方式（如煎、炸、炒）。这些传统的烹饪方法高油、高温，容易产生杂环胺、丙烯酰胺、糖基化终末产物等有害物质，刺激体内产生炎性反应，引发氧化应激，加重身体负担，同时这些反应也会被大脑认为是压力，从而启动保护机制（囤积脂肪）。如实在想要煎炒，建议在油温不太高时就开始烹饪，而不是油烟四起、火光冲天地炒菜。

我们建议多采用蒸煮和凉拌的方式加工食物。

另外，有一种西方常用的烹饪方式也值得关注，那就是用烤箱来烤制食物。带有蒸汽功能的蒸烤箱，烹饪时不需要额外用油，甚至放在烤架上还可以沥掉约30%的肉类本身的油。蒸加烤的模式可

以有效预防上火，同时蒸汽排放的过程可以减少腔内氧气浓度，减少食物氧化反应的发生，如果你吃厌了蒸煮的食物，不时来个蒸烤也是不错的选择哦。

⑤ 避免引发食欲的食物

有的食物会留在记忆里，让人欲罢不能，比如美味的甜食以及甜食带来的幸福感，比如酥脆香嫩的炸鸡和麻辣刺激的火锅，让你一想起来就忍不住流口水，一吃就停不下来。这些让人迷恋的食物，基本上都是味道浓厚的、刺激味觉的，建议尽可能避免过多食用。我们的饮食方式应该以清淡为主，选择简单加工的食物（如原味蒸煮），一段时间后，你就会淡忘了那些诱惑你的食物，喜欢上清淡简单的饮食。

⑥ 三餐规律

不过饥过饱，规律饮食，减少冷饮，不喝含糖饮品，不吃精制糖。想吃甜食时，用天然的玉米、红薯、南瓜代替，或者少量吃些主食和水果。

⑦ 吃“具有推动力”的食物

“具有推动力”的食物，可以激发细胞的活性。中医认为，生姜、洋葱、陈皮、黄芪和党参等具有补气、理气或温热的作用。

⑧ 改善肠道菌群

适当补充益生菌或益生元，有利于打造优化体型的健康肠道。当你不知道吃什么和怎么吃时，可以尝试不同食物并仔细观察身体的感受，感受每一种食物及每一餐的搭配。

“对的食物”会带给你的感受应该是：

- 胃肠舒服、规律：到吃饭时会饿，定时排便，不会腹胀、腹痛、腹泻、消化不良、便秘或大便黏腻
- 不影响睡眠：不会因为胃肠不舒服而导致睡眠质量差
- 精力旺盛：工作、学习和运动时，感觉头脑清晰，精力充沛

慢慢体会并找到适合你的“对的食物”，当然也要兼顾食物的多样性，尽可能拓宽食物种类，如各种颜色、各种部位的蔬菜，各种肉类和鱼类，各种坚果和杂粮等。

② 什么是“对的食物”

下面我们逐类盘点一下什么是“对的食物”。

① 优质蛋白质，是燃料也助燃

蛋白质是构成人体成分的基本物质，蛋白质在维持机体的生长、发育、更新、修复等方面必不可少。细胞结构、免疫因子、各种酶等的主要构成成分均为蛋白质，蛋白质也是身体三大能量物质之一。肌肉的合成离不开蛋白质，肌肉含量越高，基础代谢率越快。蛋白质本身的食物热效应高达30%~40%。

蛋白质的摄入，我们需要关注其质和量。

每天需要多少蛋白质呢？健康成年人，每日蛋白质的摄入量建议为每公斤体重0.8~1克。以60公斤体重的成年人为例，每日建议摄取48~60克的蛋白质，相当于8个鸡蛋或2块牛排（150克/块）。建议每日至少摄入3种来源的蛋白质。对于需要增肌的人来说，蛋白质的摄入量可以酌情增加。

下表为常见食物中蛋白质的含量，方便大家简单计算：

常见食物蛋白质含量

食物	蛋白含量 /%	食物	蛋白含量 /%
猪瘦肉	15~25	鲜牛奶	1.5~3.8
新鲜海产	15~25	鸡蛋	11~14
鸡肉	18~25	干黄豆	30~40
羊肉	15~25	坚果	15~26
牛肉	15~22	鸭肉	15~30

除了关注蛋白质的量，我们更需要关注蛋白质的优质性。

蛋白质广泛存在于肉奶蛋以及米面蔬果中，评价哪种来源的蛋白质更优质，一方面看蛋白质的含量，另一方面看蛋白质的消化性与可利用性。蛋白质评价方法有多种，应用最广泛的是氨基酸评分（AAS），即通过分析蛋白质的氨基酸构成和比例是否接近人体氨基酸模式来进行判断，评分越高则蛋白质越容易被人体吸收利用，也就越优质。

减脂增肌人群建议首选氨基酸评分高的优质蛋白质，同时注意摄入多种来源的蛋白质，如植物蛋白、奶蛋白、肉蛋白、鱼蛋白等，以达到均衡氨基酸的效果。

十佳优质蛋白质食物：

- 鸡蛋：氨基酸构成与人体氨基酸非常接近，通常作为氨基酸评分100分的参考蛋白质。鸡蛋含多种维生素，也富含钙、磷、铁、锌、硒等微量元素
- 牛奶：氨基酸评分95分，其氨基酸构成符合人体需要，是优质的蛋白质来源。同时牛奶中维生素B_1、维生素B_2和钙含量丰富，推荐每日摄入300克牛奶。乳糖不耐受的人，建议尝试酸奶或豆乳
- 鱼肉：富含人体必需氨基酸——亮氨酸和赖氨酸，

是优质的蛋白质来源。同时，鱼肉（尤其是深海鱼）含有Ω-3不饱和脂肪酸，可有效降低患心血管疾病的风险。推荐每日摄入鱼肉100~150克

- 虾：蛋白质含量16%~23%，脂肪含量低，以不饱和脂肪酸为主，富含镁元素，对心血管有调节作用
- 鸡肉：鸡胸肉是健身人士喜爱的蛋白质来源，其氨基酸构成符合人体需要且易于消化，脂肪含量低，富含脂溶性维生素、铜、铁、锌以及磷脂，是人体发育与细胞新陈代谢的重要元素
- 鸭肉：鸭肉的营养价值与鸡肉类似，蛋白质含量16%~25%，B族维生素以及维生素E含量高，每100克鸭肉中钾含量高达300毫克
- 瘦牛肉：氨基酸比例均衡且易消化，符合人体需要，脂肪含量约比猪肉、羊肉低10%，富含钾、锌、镁、铁以及维生素B_1、维生素B_2等
- 瘦羊肉：赖氨酸、精氨酸、组氨酸和苏氨酸的含量较其他肉类高，所含有的必需氨基酸与总氨基酸比值高达40%以上，是优质的蛋白质来源
- 瘦猪肉：其氨基酸构成与人体氨基酸接近，是优质蛋白来源。猪肉也是磷、钾、铁、镁等矿物元素的

重要来源

- 大豆：包括黄豆、黑豆、青豆，蛋白质含量达30%~40%，氨基酸比例合理，富含谷物蛋白缺乏的赖氨酸，是优质的植物蛋白来源。同时大豆含有大豆异黄酮、植物固醇、大豆低聚糖等有益健康的植物成分

十大优质蛋白质食物的蛋白质含量与氨基酸评分

食物	蛋白质含量（克 /100 克）	氨基酸评分（AAS）
鸡蛋	13.1	106
牛奶（液态）	3.3	98
鱼肉	18	98
虾	16.8	91
鸡肉	20.3	91
鸭肉	15.5	90
瘦牛肉	22.6	94
瘦羊肉	20.5	91
瘦猪肉	20.7	92
大豆（干）	35	63（浓缩大豆蛋白为 104）

② 不要“谈油色变”

有的人为了减脂恨不得滴油不进，其实大可不必如此，脂肪是三大能量物质之一，也是调节内分泌、保护内脏、维持体温的重要身体成分，不可或缺。

脂肪总摄入量

正常健康成年人，每日脂肪的摄入量建议为50克（生酮饮食者除外，需要专业指引）。减肥不用刻意减少脂肪摄入量，因为脂肪热量高，不容易产生饥饿感，利用脂肪供能可以适当减少部分碳水化合物供能，对减肥来说，也是合理的方式。

不同烹饪方式选不同的油

减肥的人建议饮食清淡，以凉拌、蒸煮为主，但也不是完全不能吃煎炒烧烤，应控制好摄入的总量，同时注意油品的选择。在烹饪肉类时，蒸烤也是值得推荐的方法，这是因为烤肉的腌制过程几乎不用食用油，肉放在烤架上烤的过程中也可以沥掉相当多的动物油脂。新式的蒸汽烤箱可以较好地减少烹饪环节杂环胺等的产生，对于很多“又懒又馋”还想减肥的家伙来说，这种烹饪方式比外卖健康，比传统烹饪简单易操作，你值得拥有。

不同烹饪方式用油建议

烹饪方式	建议用油	用法与特点
煎肉、炒菜	花生油、菜籽油、米糠油	脂肪酸相对平衡，油酸丰富，耐热性好。建议先热锅下油，立即煎炒或者油温不高时即开始煎炒
卤肉、炖菜	大豆油、玉米油、葵花籽油	亚油酸含量较高，耐热性较差。使用时避免高温冒烟起火，适合卤、炖
凉拌	橄榄油、芝麻油、亚麻籽油、茶籽油	良好的不饱和脂肪酸结构，高温下容易破坏，适合凉拌或烹饪完成后再加入

烹饪时不建议使用的油有猪油、牛油、黄油或人造黄油、棕榈油，这些品类的油饱和脂肪酸含量高，不利于心脑血管健康。

可选择的坚果

杏仁、扁桃仁、山核桃等坚果富含不饱和脂肪酸，也是对抗饥饿的良好食物。可以随身带一些坚果，在两餐之间或饥饿时少吃几粒，但不建议晚上食用。建议每日摄入量25克，坚果种类的选择也要注意多样化哦。

③ 用好GI值，甜食也能吃

碳水化合物是身体必需的三大营养物质之一，对大脑细胞的能量供应尤其重要。大米、白面、杂粮、薯类、玉米和南瓜等，都是碳水化合物的主要来源。

减肥人群在碳水化合物的摄入上需要关注以下两方面：

总量控制

我国居民膳食指南建议，正常成年人每日摄入谷物类食物的总量为250~400克。对于需要减脂的人群，建议降低到200~300克。

升糖指数（GI值）

比起总量的控制，更为重要的是要控制升糖指数（GI值），尽可能摄入低GI值的碳水化合物。前面章节讲过，血糖震荡造成脂肪堆积在内脏和肠系膜，进而导致肥胖甚至糖尿病。引起血糖震荡最直接的因素就是食用了大量高GI值的食物。

升糖指数指的是某一种食物与葡萄糖相比升高血糖的速度和能力。通常把葡萄糖的GI值定为100。GI值>70为高GI值食物，这类食物进入胃肠后消化快，吸收率高，转化为葡萄糖的速度快，血糖迅速升高；GI值≤55为低GI值食物，这类食物在胃肠中停留时间较长，吸收率低，转化为葡萄糖的速度慢，血糖升高慢，人体有足够的时间调动胰岛素的释放和合成，减少血糖震荡，保持血糖平稳，有助于减肥与预防糖尿病。此外，GI值低的食物容易产生饱腹感，可以较好地抑制食欲，是减肥人群不错的碳水化合物来源。

那么，如何判断食物的GI值呢？一般规律如下：

- 单糖比多糖具有更高的GI值
- 食物中膳食纤维含量多，可减缓消化吸收，降低食物GI值
- 谷类颗粒碾碎得越细，GI值越高
- 淀粉糊化程度越高，GI值越高
- 脂肪与蛋白质可降低胃排空率及小肠消化吸收率，GI值较低

简言之，越难消化的食物、含糖量越低的食物，GI值越低

常见食物 GI 值归类

食物类别	低 GI 值	中 GI 值	高 GI 值
主食类	全麦面包、糙米饭、杂粮饭	荞麦面、燕麦麦片、杂粮粥、绿豆粉	精面面条、米粉、甜甜圈、蛋糕、白米饭、白粥、糯米饭、黄米饭、馒头、包子
水果类	苹果、番石榴、火龙果、猕猴桃、樱桃、莲雾、柑橘、柠檬、李子、杏、番茄	木瓜、葡萄、芒果、菠萝、荔枝	西瓜、哈密瓜、水果蜜饯
杂粮类	莲藕	玉米、地瓜、芋头	南瓜、土豆

看了上表，“小胖友们”一定会问：那我们还能愉快地吃米饭、面条和蛋糕吗？答案是可以，但要注意两点，一是适当控制总量，尽可能少吃；二是要找好吃的时机。建议你在吃肉吃菜的中间夹杂着吃主食，不是一口气喝两碗粥、吃半碗米饭或三个蛋糕，而是吃口肉、吃口饭、吃口菜、吃口面，即“高低GI值交替饮食”。或者是在吃了其他食物之后再吃高GI值的食物，如把蛋糕、冰淇淋等留在最后吃。同时还要放慢吃饭的速度，应细嚼慢咽。吃得太快，一方面升糖快，另一方面也容易在不知不觉间吃多食物。还有一个可以吃些高糖、高GI食物的时机，即在高强度运动后需要快速补充和恢复体力时，但请在心里默念三遍：控制总量！控制总量！控制总量！

有的“小胖友”喜欢用水果替代主食，或者干脆只吃水果不吃饭减肥，这种方法并不科学。

水果可以补充维生素C和矿物质,水果中的果糖GI值较低，果糖的代谢不需要胰岛素参与，对血糖影响较小。但水果含糖量高，热量并不低，一个红富士苹果或一个大久保桃子的热量为150~200千卡。水果缺乏蛋白质、脂肪等必需营养物质，难以维持肌肉以及我们正常的生理功能，同时水果中富含的钾对肾脏、心血管功能不健全的人并不友好。现代研究发现，摄入大量果糖还会带来高血压、高血脂以及非酒精性脂肪肝等问题。《中国居民膳食指南》建议，每日果糖的摄入量大约为25克，相当于200克苹果中的果糖含量。

④ 多吃膳食纤维，一举多得

膳食纤维对减脂的积极意义，大家应该都知道:

- 不被身体吸收利用，不产生热量
- 作为益生菌喜欢的食物，帮助改善肠道微生态
- 刺激肠道蠕动，帮助排便
- 增加饱腹感，减少食欲
- 参与肝肠循环，促进肝脏脂肪以及血脂的分解

富含膳食纤维的食物包括:

- 芹菜、菠菜、白菜、荠菜等绿叶蔬菜
- 紫菜、海苔、木耳、蘑菇等
- 红薯、南瓜、土豆、玉米等
- 荞麦、大麦、糙米、杂粮等

减肥人群可以适当增加富含膳食纤维的食物，需要快速瘦下来的朋友还可以考虑用富含纤维素的蔬菜作为晚餐（几乎没有热量，还有

饱腹感），但薯类、糙米、杂粮等碳水化合物含量高的食物仍需要控制总量。

⑤ 矿物质和维生素：量虽小，作用不小

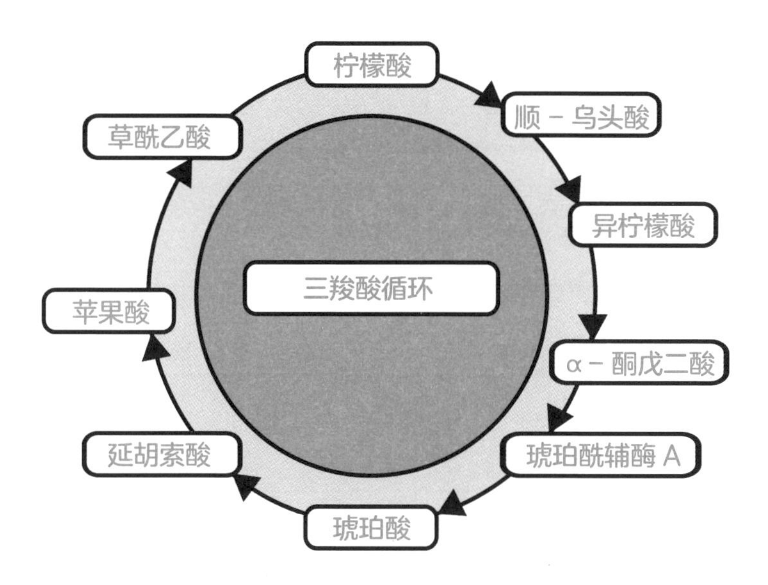

食物中的蛋白质、脂肪、碳水化合物进入人体后，通过三羧酸循环进行分解代谢，最终对身体有用的成分被吸收利用，其他成分作为代谢物被排出体外。三羧酸循环过程非常庞杂，需要多种营养素的参与才能确保各环节的顺利进行，任何元素的缺乏都会导致代谢紊乱，引发代谢性疾病。

维生素A、B族维生素（维生素B_1、维生素B_2、维生素B_3、维生素B_6、维生素B_{12}）、维生素C、维生素D、维生素E以及钙、镁、锌、硒、铁等成分尤其需要关注。这些营养成分分别存在于不同的食物中，因此，需要饮食多样化才能满足营养的均衡性。如果你懒得看什么食物含有什么营养，那简单粗暴的做法就是“吃多种食物”，做一个不挑食的“杂食动物”，吃各种颜色、各种部位、各种来源、各种产地的食物。

下表是常见的富含维生素和矿物质的食物清单，供大家参考。

富含维生素和矿物质的食物一览表

营养素	食物
维生素 A	猪肝、鸡肝、海带、鱼类、胡萝卜、鸡蛋、牛奶
维生素 B_1	小麦胚芽、黄豆、扁豆、木耳、葵花、花生、猪肉、猪心、蛋类、芹菜叶、莴笋叶
维生素 B_2	动物肝脏、蛋黄、奶油、黄豆芽、有色蔬菜
维生素 B_3	蘑菇、鸡胸肉、羊肉、牛肝、鱼、芦笋、南瓜、豌豆、花生
维生素 B_6	香蕉、土豆、糙米、鸡胸肉、鸡蛋、胡萝卜
维生素 B_{12}	动物内脏、鱼虾、禽蛋、肉类、鱼类、贝壳类、鸡蛋、牛奶
维生素 C	樱桃、沙棘、橙、柠檬、猕猴桃、苹果、青椒、辣椒、红枣、番茄、西兰花
维生素 D	三文鱼、金枪鱼、青鱼、动物肝脏、鸡蛋黄、香菇
维生素 E	坚果、瘦肉、乳类、蛋、玉米、小麦胚芽、豆油、芝麻、葵花籽油、菜籽油、花生油
钙	奶制品、豆制品、海带和虾皮、动物肉、酸角、牛奶、芝麻酱
镁	各种水果与蔬菜、谷物胚芽、谷物麸皮、各种坚果（如腰果、杏仁）、海苔
锌	玉米、小米、大麦、燕麦、荞麦、鲍鱼、牡蛎、扇贝、带鱼、核桃、榛子、开心果、葵花籽、瘦猪肉、羊瘦肉
硒	海产品、食用菌、肉类、禽蛋、西兰花、紫薯、大蒜、生姜
铁	肝脏、大豆、米、燕麦、黑麦、无花果、杏仁、土豆、肉类、蛋、胡萝卜、南瓜、红枣、海带、菠菜

⑥ 针对体质，吃对食物

中医认为肥胖的人一般多属于痰湿、气虚、阳虚、血瘀这几种体质，根据体质选择合适的食物进行调养，以改善易胖体质，帮助有效减肥。

痰湿质

特点

体内多痰；不喜欢喝水或者喜欢热水；自觉下肢沉重倦怠；大便黏腻挂马桶壁，舌苔白腻或黄腻。

建议

多吃健脾祛湿、补气理气的食物，如薏米、赤小豆、冬瓜、荷叶、山药、山楂、人参、黄芪、生姜、陈皮、洋葱、羊肉、牛肉、鸡肉等；少吃寒凉黏腻的食物，如牛奶、酸奶、奶油蛋糕、冷饮、海鲜、鱼肉、肥肉等。

气虚质

特点

动辄出汗气喘，体质差，易疲劳，经常感冒，舌淡胖有齿痕。

建议

多吃健脾补气养阴的食物，如人参、黄芪、白术、茯苓、红枣、山楂、枸杞等药食同源的食物，补养的鸡汤、鱼汤都是不错的选择；少吃辛辣刺激的食物，运动切忌大汗淋漓，微微出汗即可。

阳虚质

怕冷，夜晚小便多而清长，便溏，疲乏倦怠，面色㿠白，眼睑浮肿。

多吃补气温阳的食物，在上述补气食物的基础上，可以多吃羊肉、韭菜、茴香等，煮肉、煲汤时可以适当增加生姜、胡椒、肉桂等。忌食寒凉与辛辣。

血瘀质

特点

心情郁闷，两肋胀痛，喜叹气，面部暗沉或有斑点，容易肌肉酸痛，身体经常一不小心就青一块紫一块，痛经或月经不调，舌暗红有瘀点。

建议

多吃疏肝理气、活血化瘀的食物，如紫苏、薄荷、陈皮、柑橘、红花、百合、人参、黄芪、生姜、洋葱等，以及有助于调节五羟色胺与血清素含量，帮助减压助眠的食物，如小米、糙米、全麦、香蕉、发酵食品等。另外适当的辛辣也是可以的，但切忌辛辣过度。

❸ “管住嘴”小结

① 愉快饮食法之简单概括

- 除了米面甜食，什么都可以吃，花样越多越好；关注蛋白质的优质性；关注不饱和脂肪酸。食物种类建议每天最少摄入12种，一周25种
- 多吃高纤维蔬菜和肉蛋奶豆，用粗粮薯类代替主食和甜食
- 不吃冷饮，少吃高糖水果
- 清淡饮食，尽量蒸煮，不吃垃圾食品，不吃高热量零食，可改为坚果、酸奶等
- 不用计算热量，每顿吃七八分饱即止

② 适当补充营养补充剂

- B族维生素，尤其是维生素B_1（硫胺素）和维生素B_2（核黄素），以及铁、镁、锌、铬等矿物质，有助于促进能量代谢
- 维生素C，有助于抗氧化，改善运动性损伤
- 深海鱼油或Ω-3脂肪酸可以均衡脂肪酸结构，减少血管内皮炎症
- 益生菌有助于提高免疫，改善胃肠，调节代谢

③ 愉快饮食法之对的食物

用心体会不同的食物，在减脂增肌饮食的大原则下，找到让自己胃肠感觉舒服的、适合的食物，而不是强迫自己吃不喜欢的、不舒服的东西。

④ 愉快饮食法之不计算热量

本书倡导不计算热量，依靠主观感受与模块化饮食判断食物结构。虽然我们不计算热量，但计划刚开始的一两周需要有意识地建立起对热量的大概认知。在蛋白质类、脂肪类、主食类、蔬果类、薯类、坚果类等同类食物中尽可能选择热量低的食物，合理搭配三餐，避开高热量“大坑”。

常见食物热量表

100 克食物	热量 / 千卡	100 克食物	热量 / 千卡
馒头	223	嫩豆腐	57
米饭	116	豆浆	16
大米粥	47	苹果	50
玉米	112	巨峰葡萄	51
土豆	77	芦柑	44
红薯	102	桂圆	71
南瓜	24	香蕉	93
杏仁	578	西瓜	34
板栗	214	山核桃	612
南瓜子	582	猪瘦肉	143
猪排骨	278	牛瘦肉	106
鸡胸	133	羊瘦肉	118
鸡蛋	120	鸡腿	181
蒸鱼	110	海虾	100
贝壳	84	螃蟹	160
鲜奶	54	酸奶	72
嫩豆腐	80	豆浆	16

⑤ 愉快饮食法之饮食模块

饮食构成基本模块

碳水化合物类（主食）：

- 总量控制，建议摄入量200~250克，可以是半条玉米、几片南瓜、一根中等块头的红薯、半碗米饭、半个馒头或一碗杂粮粥
- 少吃米饭、粥粉、面包、蛋糕，适当代之以玉米、红薯、南瓜、燕麦等粗粮、杂粮
- 实在想吃主食，应夹杂着肉和菜少量吃
- 不喝含糖饮料

脂肪类（食用油与坚果）：

- 严格控制烹饪油量，以蒸煮和无油烤为主
- 每日补充不饱和脂肪酸 5~10 克，如橄榄油、山茶油等，低温食用；或直接补充鱼油类保健品
- 多吃深海鱼，如三文鱼、金枪鱼
- 坚果可以作为零食或正餐食用，每日 25 克，首选核桃、杏仁、巴旦木等

蛋白质类（肉、蛋、奶）：

- 每餐尽可能选择三种优质蛋白来源的食物，包括肉、鱼、蛋、奶，以及豆制品、坚果等
- 每天蛋白质食物的摄入量建议：肉 + 鱼约 300 克，蛋 1~2 颗，奶 250 毫升，坚果 25~50 克，豆制品 100 克，增肌的人可以适当增加蛋白质摄入

纤维素与矿物质（蔬菜与水果）：

- 每日 3~5 种不同颜色、不同食用部位的蔬菜
- 每天建议摄入蔬菜 500 克
- 沙拉是不错的选择
- 水果要控制总量，猕猴桃、火龙果、柑橘、柠檬、番茄等应在两餐间或运动后吃

以上四大块食物模块，在每一餐的食物搭配时都要加以考虑，确保一天中吃到尽可能多的食物种类。

⑥ 愉快饮食法之能量构成

一日三餐的能量构成

	早餐	午餐	晚餐
能量占比	40%	40%	20%
食物构成	**蛋白质和脂肪**：鸡蛋、牛奶、豆浆、坚果、火腿 **主食**：杂粮粥、玉米、红薯、南瓜、菜肉包 **蔬果**：橄榄油拌蔬菜沙拉、番茄、橙子、猕猴桃	**蛋白质和脂肪**：鱼虾贝蟹、鸡蛋、豆制品，以及鸡、鸭、猪、牛、羊瘦肉 **主食**：半份米面、杂粮、玉米、南瓜、土豆 **蔬菜**：2~3 种高纤维茎叶类蔬菜	高纤维蔬菜，少量粗粮、杂粮，少量优质蛋白质或者代餐

《中国居民膳食营养素参考摄入量》建议，正常轻体力劳动的成年女性每日摄入热量为2100千卡，男性为2400千卡。根据轻、中、重的肥胖程度，女性一般建议摄入1800千卡、1600千卡和1400千卡，男性相应的建议摄入2200千卡、2000卡和1800千卡。需要增肌的人群，在热量可以维持正常水平的情况下，适当增加蛋白质摄入。

1400千卡与1800千卡的餐食长啥样呢？下面我给大家介绍一下，这样你心里就有了大概的认识，以后按这个模式和份量模糊搭配自己的膳食就可以了。

饮食范例：1400千卡与1800千卡膳食构成

按照早中晚4：4：2的原则，1400千卡餐食的早餐摄入为560千卡、午餐为560千卡、晚餐为280千卡；每日1800千卡餐食的早餐摄入为720千卡、午餐为720千卡、晚餐为360千卡。

每日1400千卡与1800千卡膳食搭配示例

餐别	早餐		午餐		晚餐	
	1400千卡	1800千卡	1400千卡	1800千卡	1400千卡	1800千卡
周一	牛奶200毫升 鸡蛋1个 玉米半根 全麦土司+火腿2片 生菜黄瓜沙拉200克	牛奶200毫升 鸡蛋2个 玉米1根 全麦土司+火腿2片 生菜黄瓜沙拉200克	香菇鸡100克 豆腐100克 杂粮饭100克 虾仁小白菜200克 核桃仁25克	香菇鸡200克 豆腐100克 杂粮饭100克 虾仁小白菜200克 核桃仁25克	小黄瓜1根 蒸鱼150克 小米南瓜粥200克	小黄瓜1根 蒸鱼200克 小米南瓜粥300克
周二	酸奶250毫升 鸡蛋1个 红薯（中等）1个 香蕉1根 开心果25克	酸奶250毫升 鸡蛋2个 红薯（中等）1个 香蕉1根 开心果25克 肉菜包50克	小炒黄牛肉150克 罗氏虾5只 蔬菜200克 蒸南瓜100克	小炒黄牛肉200克 罗氏虾10只 蔬菜200克 蒸南瓜100克	凉拌豆腐100克 上海青200克 玉米饼50克 薏米红豆粥200毫升	凉拌豆腐150克 上海青200克 玉米饼100克 薏米红豆粥200毫升
周三	豆浆250毫升 肉菜包1个 鸡蛋1个 扁桃仁25克 苹果1个	豆浆250毫升 肉菜包2个 鸡蛋2个 扁桃仁25克 苹果1个	蒸鲈鱼150克 梅菜肉饼100克 清炒四季豆200克 米饭50克	蒸鲈鱼250克 梅菜肉饼200克 清炒四季豆200克 米饭50克	凉拌芹菜花生100克 番茄鸡蛋面100克	凉拌芹菜花生100克 番茄鸡蛋面100克 火腿1片
周四	紫薯粥200克 鸡蛋1个 香肠1根 猕猴桃1个	紫薯粥200克 鸡蛋2个 香肠1根 猕猴桃1个 玉米半根	红烧排骨150克 凉拌腐竹木耳100克 蒜蓉菜心200克 南瓜子25克 杂粮饭50克	红烧排骨250克 凉拌腐竹木耳200克 蒜蓉菜心200克 南瓜子25克 杂粮饭50克	海鲜粥100克 蒸山药100克 水煮秋葵200克	海鲜粥200克 蒸山药150克 水煮秋葵200克 玉米1根

续表

餐别	早餐		午餐		晚餐	
	1400 千卡	1800 千卡	1400 千卡	1800 千卡	1400 千卡	1800 千卡
周五	山药花生糊 200 克 玉米半根 鸡蛋 1 个 苹果半个	山药花生糊 200 克 玉米 1 根 鸡蛋 2 个 苹果半个	煎带鱼 150 克 麻婆豆腐 100 克 蚝油生菜 200 克 山核桃 25 克 米饭 50 克	煎带鱼 250 克 麻婆豆腐 200 克 蚝油生菜 200 克 山核桃 25 克 米饭 50 克	牛肉丸河粉 （5 个肉丸）200 克 蔬菜 200 克	牛肉丸河粉（10 个肉丸） 300 克 蔬菜 200 克
周六	小米南瓜粥 200 克 酸奶 200 毫升 鸡蛋 1 个 小笼包 5 个	小米南瓜粥 200 克 酸奶 200 毫升 鸡蛋 2 个 小笼包 10 个	瘦肉茄子煲 150 克 虾仁 100 克 杂粮饭 50 克 上汤菠菜 200 克 杏仁 25 克	瘦肉茄子煲 250 克 虾仁 200 克 杂粮饭 50 克 上汤菠菜 200 克 杏仁 25 克	白菜豆腐汤 200 克 杂粮煎饼 100 克	白菜豆腐汤 300 克 杂粮煎饼 200 克
周日	胡萝卜汁 250 毫升 鸡蛋 1 个 红薯（中等）1 个 核桃 25 克	胡萝卜汁 250 毫升 鸡蛋 2 个 红薯（中等）1 个 核桃 25 克 肉菜包 50 克	白萝卜羊肉 150 克 凉拌豆腐皮 100 克 蔬菜 200 克 羊汤面 100 克	白萝卜羊肉 250 克 凉拌豆腐皮 200 克 蔬菜 200 克 羊汤面 100 克	杂粮粥 200 克 圣女果 100 克 蔬菜 200 克	杂粮粥 200 克 圣女果 100 克 蔬菜 200 克 青椒炒瘦肉 100 克

饮食热量等值表

给小伙伴们分享一个有用的工具——热量等值表，表中列出了90千卡热量的食物重量，那么1800千卡就是20份，1500千卡就是约17份，然后按照上面讲的食物构成模块及比例，从各类食材中选取一定的份数就可以了。当然下表也是帮助你等热量更换口味的好工具哦。

谷薯类 90 千卡热量等值表

约 25 克	约 35 克	约 100 克	约 200 克	约 400 克
生大米、生小米、生糯米、生玉米、生高粱、面粉、红豆、绿豆、挂面、饼干、油条	烧饼、馒头、咸面包、手擀面条、窝头、发糕	土豆、红薯、芋头、板栗	鲜玉米	蒸南瓜

蔬菜、薯类 90 千卡热量等值表

约 500 克	约 400 克	约 350 克	约 250 克	约 200 克	约 150 克
绿叶菜、小瓜、苦瓜、丝瓜、茄子	白萝卜、莴笋	南瓜、菜花	扁豆、蒜苗	胡萝卜	山药、莲藕

水果类 90 千卡热量等值表

约 150 克	约 200 克	约 300 克	约 500 克
香蕉、柿子、荔枝、芒果、榴莲	苹果、梨、猕猴桃、橙子、柑橘、李子、杏、桃、葡萄	草莓、蓝莓	西瓜

肉类 90 千卡热量等值表

约 20 克	约 25 克	约 35 克	约 50 克	约 60 克	约 80 克	约 100 克
火腿、香肠、午餐肉、腊肉	五花肉、叉烧	熟瘦牛肉、酱鸭	瘦猪肉、瘦牛羊肉、排骨	鸡蛋、鸭蛋、鹌鹑蛋、松花蛋	带鱼、鲤鱼、鲫鱼、黄鱼、虾、贝壳	兔肉、螃蟹、鱿鱼

实际上，一种食物中往往既有蛋白质，又有脂肪和碳水化合物，如馒头中含有碳水化合物、蛋白质和纤维素等，排骨中含有蛋白质、脂肪等。因此，严格计算饮食热量以及热量构成是很难的，也是很枯燥乏味、难以坚持的。我不建议大家计算热量，而是让你在心里构建出一日三餐饮食的组成框架，并对食物的热量有个大致的判断，然后练就这样的本事——就像通过眼睛来估计一份水果、一块肉大概的重量一样，当你心里有了基本的概念，只要眼睛扫过，心里就大概知道一餐饭的营养元素是否都已摄入，结构是否合理。一旦你心里构建出了这个思考模式与参照标准，基本就无须担心吃得是否科学合理了。

本膳食方案是基于我帮助会员订制的减脂增肌膳食方案，具有很强的可操作性。但是每个个体所需的热量不同，代谢水平不同，胃肠功能不同，减脂增肌的难易程度与目标不同，因此膳食方案很难适合每一位读者，大家可以根据自己的实际情况加以调整。比如，严重肥胖的人，可以进一步降低热量水平，增肌的快速增长期可以加大蛋白质以及总热量的摄入。

基于健康的考量，我建议在设置减脂与增肌目标时，不要期望短时间内一蹴而就，往往需要持续较长的时间逐步达成。就减重而言，每月减少2~4公斤是比较合适的速度，减脂和增肌需要同步进行，不然减脂可能会带来肌肉流失，降低基础代谢，反而得不偿失。

我们不建议极低热量饮食，即不建议女性每天低于1400千卡的热量摄入，不建议男性低于1600千卡的热量摄入。我们倡导均衡饮食，即要符合蛋白质、脂肪、碳水化合物、纤维素、矿物质、水的合理比例，不鼓励只吃某些食物不吃另一些食物的行为。当然在不同的减脂增肌阶段可以对某些营养素的摄入有所增减，但绝对的不吃或只吃都是不鼓励的。

生酮饮食科学吗

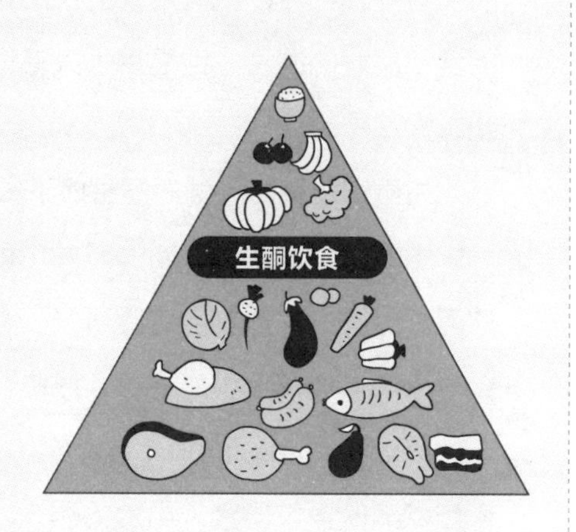

在一般的膳食结构中，三大能量物质的供能占比为：碳水化合物（主食类）占50%~65%，脂肪占20%~30%，蛋白质占10%~15%。在生酮饮食模式中，碳水化合物仅占总热量的4%~17%，脂肪占60%~90%，蛋白质占6%~35%。其实，就是少吃甚至完全不吃碳水化合物，吃适量的蛋白质以及大量脂肪。大量脂肪的摄入会代谢产生大量酮体，因此，该饮食方法叫作生酮饮食。生酮饮食最早是为治疗儿童顽固性癫痫而研究的。

在极低碳水化合物摄入的情况下，身体不能通过碳水化合物得到充分的能量，就会分解储存在肌肉和肝脏的糖原来供应能量，在糖原仍然不够的情况下，就会分解脂肪产生酮体，以达到为机体提供能量的目的。

同时，低碳水化合物摄入时，血糖水平低，胰岛素分泌少，机体合成脂肪的代谢途径被抑制。增加脂肪分解、抑制脂肪合成，从而达到减肥的目的。这就是生酮饮食被不少减脂机构推崇的原因。

有些人在经过一段时间的生酮饮食后，体重体脂确实得到了良好的改善，但是否人人都适合这种饮食模式呢？我认为不是的。

生酮饮食可能的健康危害如下：

生酮饮食法用于减脂的时间也就短短的一二十年，还缺乏长时间、大样本的追踪研究，其远期效果如何，是否会对身体造成其他健康伤害，还需要不断研究。据发表在Frontiers in Nutrition（《营养学前沿》）上的一篇文章，来自欧美的多位研究人员对生酮饮食进行了评估，认为长期高脂肪饮食增加了患心脏病、糖尿病、阿尔茨海默病甚至癌症等的风险。

另外也有报道称，有人在经过一段时间的生酮饮食后出现了胃肠不适、月经失调、疲劳、头疼、脱发、皮肤粗糙等症状。还有研究显示，生酮饮食会导致蛋白质代谢异常，影响组织修复；长期低碳水摄入导致营养不均衡，胃肠功能受损；增加了肾结石、肝胆结石的风险，可能引发“酮症酸中毒”等。

高脂肪饮食对肠胃功能弱的人来说，会引发消化不良、营养吸收差等问题，因此，针对严重肥胖或难治性肥胖，可以考虑在专业人士的指导下短期采用生酮饮食法或者半生酮饮食法，不建议长期采用该饮食法，更不建议非专业人士自行采用该饮食法减肥。

全球推崇的饮食模式简介

美国新闻网颁布的2021年最佳饮食法排名中，地中海饮食法排第一位，得舒饮食法（DASH Diet）和弹性素食法并列第二，生酮饮食法位列倒数。

下面我简单介绍一下地中海饮食法、得舒饮食法和弹性素食法，供大家参考。

地中海饮食法

地中海周围国家的居民，其“三高”等慢性病的发病率低于大部分发达国家，平均寿命也更长。研究者将这一地区的饮食特点归纳为“地中海饮食法”。

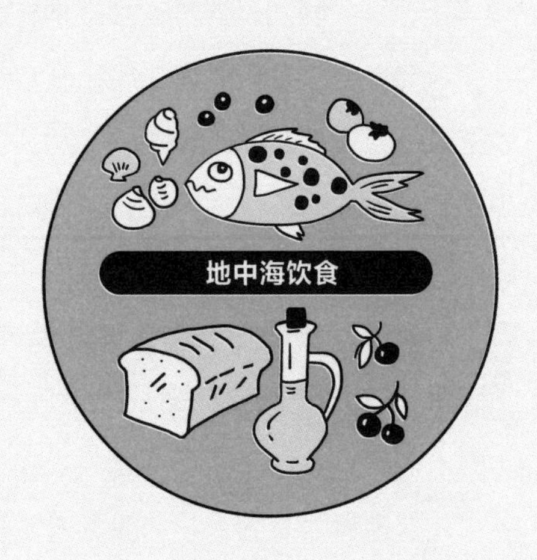

- 饮食结构均衡，没有过多强调某种食物，也没有不吃某些食物
- 以全谷物、蔬菜水果、豆类、坚果、橄榄油为主，一周至少摄入2次鱼类和海鲜，适量奶制品、蛋类，少吃红肉和甜品

得舒饮食法

得舒饮食法原是为高血压人群研发的饮食方法，现在逐步推广为适合大众的健康饮食法。

得舒饮食法主要强调摄入水果、蔬菜、全谷、瘦肉，以及蛋白质和低脂乳制品，限制肥肉、全脂乳制品这些饱和脂肪酸含量高的食物及甜食、含糖饮料，降低食盐用量（可用香料代替）。这种饮食结构有利于补充钾、钙、镁、锌等元素，以及优质蛋白质和膳食纤维，对控制血压、血脂以及心血管健康有帮助。

弹性素食法

弹性素食是指大部分时间以素食为主，偶尔吃荤。应用该饮食法需要加强豆类、鸡蛋、全谷物、奶类等的摄入。

以素食为主的人，一般摄入了较多的蔬菜、水果、全谷物以及菌菇类、藻类、坚果类等食物，较多的膳食纤维可以提升饱腹感，控制血糖，同时也可以减少饱和脂肪酸的危害。比起纯素食，一周吃几次肉类和海鲜的好处是可以适当纠正脂肪酸和氨基酸的结构，补充铁、锌、维生素B_{12}等营养素，更有利于身体健康。

要素四：迈开腿，不要“虚弱瘦”，越运动越有型

想要减脂塑形，“管住嘴”和“迈开腿”二者缺一不可，在前文中，我们谈了如何吃，接下来我就和大家讲一讲怎么运动才有效。

❶ 运动的总原则

- 进行心肺功能评估，根据减肥目标，制订合理的运动方案
- 有氧运动与力量运动（阻抗运动）相结合
- 有氧运动需要达到有效燃脂心率
- 力量运动需要针对全身与局部订制方案
- 每周运动5~7次，长期坚持，不能时断时续

❷ 心肺功能评估

简易评估——台阶测试法：

对于身体健康的成年人，可以考虑如下的简易评估——台阶测试法。

准备工作

找一个楼梯或自己搭一个台阶，男性测试高度为30厘米，女性测试高度为25厘米。根据身高的不同，可适当调整。

测试步骤

计算你的初始心跳并记录；测试时，上下台阶的节奏为每分钟30次（必须精准），共测试3分钟，每次上下台阶后上体和双腿要完全伸展，不能屈膝弯腰；你可以找一个同伴帮你喊节奏、看时间，也可以用节拍器与定时器。

测试完后，立即坐下，记录1分钟到1分30秒，2分钟到2分30秒，3分钟到3分30秒的3个恢复期心率。

评定指数计算公式：

评定指数 = 登台阶运动持续时间 (s)×100÷2×（恢复期 3 次心率之和）

心肺功能评估参考标准

分值	功能等级	男性	女性
1	差	45.0~48.5	44.6~48.5
2	较差	48.6~53.5	48.6~53.2
3	一般	53.6~62.4	53.3~62.4
4	较强	62.5~70.8	62.5~70.2
5	强	>70.9	>70.3

注：选自中国成年人体质测定组《中国成年人体质测定标准手册》，1996 年。

对于评级属于差和较差等级的人，建议在专业人员的指导下，制订运动方案并监测运动方案实施的效果。其他评级的人群，原则上可以根据自己的减肥需求制订运动方案，需要不定期关注自己运动心肺功能的变化，尤其是做高强度剧烈运动时。

专业评估——运动心肺功能检测法：

如有以下情形，建议去专业机构，通过运动心肺功能检测仪进行专业评估。

- 年龄大于40岁
- 有慢性心脑血管与呼吸系统疾病
- 有家族性心血管疾病史
- 中重度肥胖，需要高强度运动以快速达到减肥目标者

③ 有氧运动：燃烧你的脂肪

什么是有氧运动

想要燃烧脂肪，有氧运动是必不可少的，那么，什么是有氧运动呢？如何判断自己是否在有效地进行有氧运动呢？有氧运动是指在运动全程中有氧气参与代谢，人体吸入的氧气与需求相等，从而达到生理上的平衡状态。有氧运动的特点是：较长时间的有规律的运动，时间一般在30分钟以上，运动强度为中等或中等偏上。

燃脂心率

有氧运动的燃脂心率为：个体最大心率值的60%~80%，最大心率值为220-年龄。以一个40岁的人为例，有氧运动的燃脂心率建议为（220-40）×（60%~80%），即每分钟108~144次。

有氧运动的注意事项

结合前面的心肺运动功能评级，评级属于较差或差的人，建议有氧运动的心率在最大心率的60%~70%；评级为较强或强的人，有氧运动心率可达到最大心率的80%。简单判断的话，就是达到运动时可以简短说话，但是不能哼歌的强度。运动全程均需要密切关注身体的感受，出现胸闷、胸痛、心脏压迫感、呼吸困难及头晕等情况时，需要停止运动，检测身体，必要时去医院救治。

常见的有氧运动包括：跑步、快走、游泳、打球、自行车、太极拳、健身操、瑜伽、爬山等。不同运动的强度不同，单位时间的燃脂量也不同。

有氧运动能量消耗计算：

消耗热量（千卡）= 不同运动的代谢当量 × 运动时间（小时）× 体重（公斤）×1.05

选择什么运动好呢？你可以参考运动强度指标——代谢当量（METs）与自己的喜好以及可利用的时间。METs指的是以安静且坐位时的能量消耗为基础（当作1），各种活动的相对能量代谢水平（1的倍数）。根据运动的METs可以计算出不同运动及持续时间的热量消耗。

常见运动的 METs

运动	METs	运动	METs
仰泳	4.8	打篮球（非竞技）	6.0
蛙泳	5.3	打篮球（竞技）	8.0
爬泳	8.3	爬山（无负重）	6.3
跑步（6.4 公里 / 小时）	6.0	爬山（负重 <5kg）	6.5
跑步（8.0 公里 / 小时）	8.3	爬山（负重 5~10kg）	7.3

以一个体重60公斤的人为例，蛙泳1小时消耗的热量为：5.3×1×60×1.05=333.9千卡；若他以6.4公里/小时中速跑步，则1小时消耗的热量为：6.0×1×60×1.05=378千卡。

有氧运动的优点

相同时间内，有氧运动会比无氧运动消耗更多的热量。力量运动可以增长肌肉，有助于改善机体的新陈代谢。有氧运动时，体内血液循环加速，呼吸加剧，身体细胞代谢加快，从而消耗体内储存的糖原与脂肪；运动时肌肉持续收缩，利于增加能量消耗，并有效排出肌肉中的代谢产物；同时有氧运动还能放松心情，有效减压；有氧运动也会使心肺功能得到锻炼，尝试不断加大运动强度，有助于健康减肥。

几点忠告

- 有氧运动要循序渐进，先热身，再逐步加大运动强度与运动时间，切忌一开始就挑战自己的极限；更不用和别人比，找到自己有些累但还能坚持的运动方式就好
- 不主张过度的、激烈的有氧运动，若没有配合力量运动以及饮食调养会导致肌肉流失，同时高强度运动也会导致肌肉炎症，造成身体的免疫消耗，会被大脑判定为压力，不利于有效减脂

运动过量的表现

生理功能

头晕、失眠、食欲不振、慢性疲劳
肌肉酸痛、运动力下降、恢复时间延长
女性可能出现月经不调

情绪不稳定、注意力及脑力下降

容易感冒和过敏，表现为类似流感的症状
小伤口愈合缓慢、淋巴结肿胀

小结：坚持最重要

有氧运动不在于高强度，而在于坚持，切忌时断时续。对于为了减脂而进行有氧运动的人士，我建议先放松心情，不用给自己太大压力，做好打持久战的准备，每日有一点运动就好过“葛优躺”哦。

运动可以利用碎片时间进行，也可以制订好计划认真执行；运动量可以逐渐增加，也可以维持在一个自己比较舒适的“度”。这个所谓的“度”也是主观衡量的，即运动后你的肌肉有一定的疲惫，但是不会明显酸痛不适；你会感到自己精力充沛而不是疲惫不堪。

以这样的运动量天天坚持，同时做好饮食调整，一段时间后，体重会突破调定点，开始下移的。但如果你同步进行力量运动（强烈建议），则不必太关注体重的变化，自我精力、体力的改善，以及体型的挺拔紧致更值得关注哦。

④ 力量运动：塑造你的完美体型

有氧运动能够帮助燃烧脂肪，同时也在提升你的体质和耐力。经过一段时间的有氧运动之后，就可以同步开始塑造体型的力量运动啦。有氧运动与力量运动结合，才是最正确的“迈开腿”。

力量运动通过锻炼不同部位的肌肉来塑造体型，增加的肌肉可以提升基础代谢，从而维护与巩固减脂效果。力量运动可以在家里徒手或借助简单的工具进行；如果有条件去健身房，在专业教练的指导下进行则更加有效。下面，我从居家运动的角度，优选几招实用有效的力量运动介绍给大家。动作不用贪多，坚持最重要。

分部位进行力量运动，可以针对性地练习自己想要改善的部位，但无论要锻炼哪个部位，建议先打好下盘的基础，让腿部肌肉先强壮起来，就可以很好地支撑其他部位的训练了。在开始力量运动前，可以采用拉伸运动热身，运动结束前再做几组拉伸运动来舒展身体。

适合力量运动的家用小工具有哑铃、弹力带（根据自己的情况选择合适的磅数，逐步增加重量）、腹肌板等。

下面跟我一起开始正式的运动环节吧。注意动作要领，每个动作每天做3组，每组8~10次。

无敌塑形11招

第1招 箱式深蹲

训练腿部力量与完美臀型（男女均可）

动作要点： 自然站立，双脚与肩同宽，椅子放于身后约5厘米。缓慢下蹲至臀部轻触椅子边缘，同时手臂向前平举。在最低点停顿1秒后，臀部发力站直，还原至起始状态。以上为1个动作，每组动作8~10个，做3组。

注意事项： 全程保持膝盖与脚尖指向相同；膝盖全程不应超过脚尖；最低点时臀部仅触碰椅子而非坐立，核心部位全程保持紧绷，脚后跟发力。

进阶训练： 移走椅子，下蹲至更深；手握哑铃负重深蹲。

第2招 交替箭步蹲

训练腿部力量与线条（男女均可）

动作要点： 双手掐腰，收紧核心区，目视前方。双腿交替向后撤步并下蹲，直至后退侧膝盖接近地面，然后原路返回。两侧各10个为1组动作，做3组。

注意事项： 膝关节始终与脚尖指向同一方向；膝盖全程不应超过脚尖；将张力平均分布于两条腿上；身体保持正直，避免后仰或前倾；前侧大腿与小腿约呈90°；臀部发力起身。

进阶训练： 手持哑铃负重箭步蹲；蹲至最低处停留更久，脚放在踏板上增加难度。

俯卧撑

训练肩臂、胸部及腰腹力量，整体塑形（男女动作不同）

男性俯卧撑

动作要点： 俯身直臂撑于地面，双手贴近。屈臂、俯身至肘关节略高于躯干，胸部靠近地面时，大臂向内夹，以起身还原。以上为1个动作，8~10个动作为1组，做3组。

注意事项： 伸臂时大臂内夹以最大化发力，着重感受手臂处的张力而不是胸部；伸臂至最高点时手肘打直，但切勿锁死；全程保持腰背挺直，核心紧绷，肩胛骨收紧；屈臂过程中，手肘与躯干的夹角约为45°。

进阶训练： 放慢屈臂和伸臂的过程，延长在最低点停留的时间。

女性跪式俯卧撑

动作要点：① 跪在瑜伽垫上，双腿交叉，手臂伸直，手掌摆放在肩部正下方，比肩宽稍微宽一些的位置。

② 身体从头到膝盖必须呈一直线，腹部肌肉收紧，夹紧臀部，保持身体稳定，头部自始至终都在同一个位置。

③ 手肘弯曲，让身体下降至胸部接近地板的位置，在最低点稍停，再推回至起始姿势。在最低点时，上臂与身体呈45°。

注意事项：跪式俯卧撑易伤膝盖，因此锻炼时最好戴上护膝或在膝下垫上毛巾。

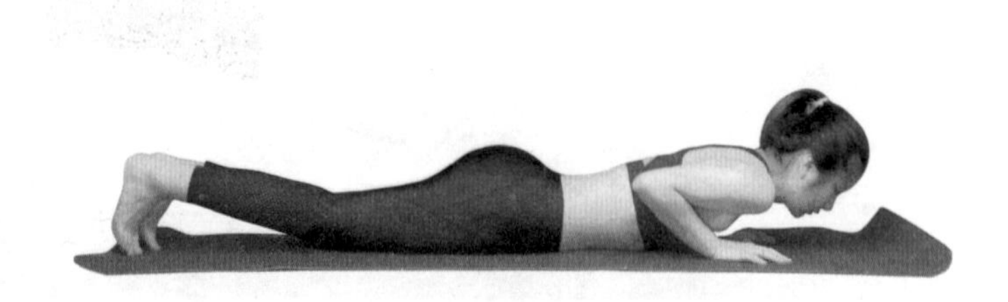

第4招 弹力带弯举

肩背、臂膀力量训练与塑形（男女均可）

动作要点：身体直立，双脚踩住弹力带。双手握住弹力带两端，拳心向前，双手同时屈臂向上拉起弹力带。在最高点稍作停留后缓慢放回原位。以上为1个动作，1组12个动作，做3组。

注意事项：屈臂顶点、顶峰收缩停顿1秒；始终将大臂与躯干夹紧；肩胛骨收紧，肩膀下沉，切勿耸肩借力；核心紧绷，保持躯干稳定。

进阶训练：增加弹力带磅数；加快屈臂速度，减慢伸臂速度。

第5招 俯身哑铃臂屈伸

肩背、臂膀力量训练与塑形（男女均可）

动作要点：双脚略分开站立，膝盖微屈，俯身至躯干与地面平行。双手对握哑铃，屈肘至小臂垂直于地面，大臂夹紧贴于身体两侧并与躯干平齐。大臂后侧发力伸直手臂，稍作停顿后屈臂还原。以上为1个动作，每组10个动作，做3组。

注意事项：伸臂顶点、顶峰收缩停顿1秒；大臂始终夹紧身体两侧；核心绷紧，肩胛骨收紧，保持躯干稳定，切勿弓腰。

进阶训练：增加哑铃磅数；加快伸臂速度，减慢屈臂速度。

第6招 弹力带扩胸与夹胸

胸部塑形

动作要点：将弹力带从背后沿着胳膊握于掌中，向内收紧手臂，向外扩展胸部，重复10次为1组。

注意事项：手臂在内收与外扩时，尽可能保持与地面平行。

进阶训练：增加弹力带的磅数。

第7招 平板支撑、侧平板支撑

训练全身肌肉力量，整体塑形（男女均可）

平板支撑

动作要点：将前臂放在地板上，肘部在肩膀下方，手臂平行于身体，约与肩同宽。脚尖着地，臀部收紧以撑起身体。保持此姿势约30秒。

注意事项：收紧腹部，不能塌腰；耳朵、肩膀、髋部、膝盖和脚踝呈一条直线；收紧核心，感受腹部的紧绷感。

进阶训练：延长每组时长；直臂平板支撑。

侧平板支撑

动作要点：侧卧，一条腿叠放在另一条腿上，用手肘侧向支撑起身体。收紧腰腹外侧（腹外斜肌），保持此姿势约30秒。

注意事项：始终保持核心紧绷，专注保持髋部的高度；臀部应与躯干双腿处于同一平面。

进阶训练：延长每组时长；用直臂进行侧向平板支撑。

仰卧起坐

训练腰腹部肌肉

动作要点：仰面躺在瑜伽垫或腹肌板上，双脚面抵在泡棉上，双手扶耳侧，头与颈部微微抬起，呼气时卷腹向上坐起，吸气时慢慢躺下。

注意事项：起坐要快，仰卧时要慢，身躯下降时尽量不要与靠垫接触，这样腹肌在锻炼过程中始终处于高效的收缩状态。

进阶训练：延长每组时长；调节腹肌板的角度，双手持哑铃负重。

悬腿卷腹

训练腰腹部肌肉

动作要点：双手轻扶耳朵或放在身体两侧，仰卧在瑜伽垫上；膝盖弯曲，双脚不固定。腹肌收缩发力，拉动双腿和上半身向内贴近，上半身脊椎弯曲呈“C”字形。每组10~15个。

注意事项：双脚并拢举起，运动过程中脚保持在一定高度。

进阶训练：增加每组的次数与速度。

第10招 臀桥

训练腰腹与臀部肌肉（男女均可）

动作要点： 平躺，膝盖弯曲，手臂放于臀部两侧，双脚分开至与髋部等宽。抬起臀部的同时收缩臀部肌肉；抬到最高点后停顿1秒，然后缓慢放下。以上为1次动作，每组10次，做3组。

注意事项： 脚跟双手与地面作对抗可以帮助我们更好地发力，全程应保持臀部肌肉张力，膝盖和脚尖指向同一方向。

进阶训练： 单脚臀桥，负重臀桥。

弹力带绑腿交替蟹步走

腿部力量训练与塑形（女性适合）

动作要点： 双脚分开，屈膝微俯身，腰背保持平直，将弹力带绑于双腿膝盖之上。双脚小步向两侧迈步行走，感受臀部外侧发力。往一侧连续迈5步，停留1秒并回到原点为1组，左右各做2组。

注意事项： 膝盖始终与脚尖指向同一方向；核心收紧，腰背挺直。

进阶训练： 使用磅数更高的弹力带。

⑤ 拉伸运动

- 无论是有氧运动还是力量运动，运动前都需要做拉伸运动，这部分不能偷懒哦。拉伸不用拘泥什么动作，用自己的方式放松全身肌肉，将重要的关节打开。
- 头颈部前后左右顺时针、逆时针旋转各4次
- 双手打开扩胸到最大位置并停留5秒，做4次
- 上半身左右转动到极限并停留5秒，做4次
- 手掌交叉举过头顶，上身俯仰至身体极限4次
- 压腿8次
- 髋关节以及手腕、脚腕关节顺时针、逆时针转动各8次
- 如果在健身房，可以利用器械进行拉伸

⑥ “迈开腿”小结

- “迈开腿”=达到有效燃脂心率的有氧运动+力量运动
- 有氧运动的有效燃脂心率=（220-年龄）×（60%~80%）
- 运动前进行5~10分钟的拉伸，提高身体协调性，减少肌肉疲劳
- 运动结束前再次进行拉伸运动，舒缓肌肉
- 一天的运动安排：建议做30分钟有氧运动，针对自己想要塑形的部位做3~5种力量运动，每种3组。如果体力不支，可以有氧运动与力量运动隔天进行，或减少力量运动的种类与次数
- 如同一天做力量运动与有氧运动，建议先做力量运动，后做有氧运动，因为有氧运动消耗大量能量，如果先做有氧运动消耗过多体力，可能会难以坚持后续的力量运动

- 运动量由小到大，循序渐进，贵在坚持。切记过度运动，以出汗但不大汗淋漓、运动后不头晕乏力为度
- 不要空腹运动，防止低血糖的产生，运动前半小时应补充少量食物，如酸奶、坚果等
- 注意补充水分，建议补充矿物离子水或矿泉水，而不是纯净水或蒸馏水
- 运动后可选择温水泡澡或泡脚，以促进血液流动，或利用泡沫轴按摩，加速乳酸代谢，减轻运动性酸痛

⑦ 体态纠正

纠正日常坐立行走的姿势，养成好的习惯，时间久了，体态自然而然就会越来越美。

坐姿

腰挺直，腹部收紧，双脚平放于地面，不要跷二郎腿，不要一个姿势停留时间过长，半小时后应起来走动（活动）一下。如果工作需要长时间坐着，最好加“护腰”给予支持，也可利用软靠垫保持腰背的生理弧度。

站姿

抬头收下巴，肩膀平直放松，胸部微向前倾，下腹内收挺直，保持腰部的正常弧度，使背部肌肉放松。

走姿

双目平视前方，头微昂，颈正直，胸部自然向前上挺，腰部挺直，收小腹，臀部略向后突，步行后蹬，着力点侧重在跖趾关节内侧，走路时不偏不斜，不前倾。

要素五：缓解压力，睡一场减肥好觉

在第一章里，我们谈到了肥胖的几种类型，其中“越累越胖”讲的就是压力导致的肥胖，如果你是这种类型的“小胖友”，要好好看看这部分内容哦。在“管住嘴”“迈开腿”的同时，你更需要舒缓压力，睡一场好觉，随着睡眠的好转，你会惊喜地发现自己也逐渐瘦下来了。

大脑调节着我们身体的一切活动，生存是第一位的，任何被大脑判定为威胁到生存的情形都会给予最高优先级。当你处于紧张、焦虑、愤怒或悲伤等不良情绪时，或者加班加点熬夜工作学习时，或者仅是睡眠不足或睡眠不良时，大脑都会做出反应，以防止我们“累死”；当你过度节

食饥肠辘辘时，大脑担心你会“饿死”；当你过度运动，疲惫不堪时，肌肉的炎症肿胀令大脑以为你“病了”。这些情形下，大脑会立即启动保护机制，确保你可以生存下去。

大脑启动的保护机制

- 激活节约型基因：降低呼吸、消化、心血管等的生理活动耗能，调低基础代谢与新陈代谢，让一切需要消耗能量的活动都处于极低的水平
- 启动“备战备荒”的存储模式：压力情况下，身体大量分泌压力激素皮质醇，皮质醇的作用就是对抗胰岛素。高血糖水平下，肝脏将血糖转化为肝糖原，并合成脂肪；同时，皮质醇还可抑制甲状腺与性腺分泌，低的甲状腺素与性激素水平促进了脂肪的合成，减慢了脂肪的分解

在有压力的情况下，你不仅会变胖，还会因为基础代谢的降低而变成易胖体质。因此，对于压力性肥胖来说，缓解压力是最重要的减肥方法之一。在上述提及的压力中，过度节食、过度运动等可以进行自我调节，接下来我主要和大家分享的是如何缓解来自内心的压力，即不良情绪和学习工作中的紧张焦虑，这种压力在人际交往中、职场中，以及面临升学考试的学生中普遍存在。

心理压力最直观的表现就是睡眠不好，可以说，如果你能睡好觉，压力也就会迎刃而解。

压力是否得到缓解，睡眠的好坏是最直接的判断。睡一场好觉也是缓解压力最好的方法。下面我来教大家几招，帮助你睡个减压减肥的好觉吧。

① 吃出好睡眠

吃有助于舒缓情绪、改善睡眠的食物，包括富含色氨酸的小米、富含褪黑素的香蕉等。

晚餐吃好消化的食物，因为食物消化过程会影响睡眠，因此，晚餐不建议吃高蛋白质、高脂肪以及高膳食纤维的食物。

② 运动减压

晚饭后来一场酣畅淋漓但又不会强度过高的有氧运动，如慢跑、快走、打球、游泳、健身操、瑜伽等，都是很好的减压方法。

③ 艺术减压

舒缓的音乐，可以让你心情平静而安宁；凝神静气的书法或绘画小作，能让你全神贯注在美好宁静的世界里；挑选几段美文优美地朗读，或大声唱几首让自己胸怀舒畅的歌；侍弄花草，静静观赏一片叶子、一朵花的纹路，细细品闻清新的香味，感叹大自然的神奇……这些都是很好的怡情养

性的减压方法。减压应在睡前1小时进行哦。

④ 解铃还须系铃人

上面三种方法都是求助于外力，会在一定程度上起作用，但如果想要真正的、彻底的放下压力，还需要你自己内心深处的释怀，这是最重要的。

压力往往与性格有关，也与人生阅历有关。如果你生性敏感，对一些人和事会很在意，会在心里反复掂量；如果你生来要强，往往会思虑谋划，希望一切尽在掌握，毫无瑕疵；如果你没有经过人生的风浪，则轻微的波涛于你便是狂风巨浪；如果你久经世事，则可以处事不惊，安然若素……

所以，面对压力，我们最需要的是安抚自己的内心，对让你产生不良情绪和压力的事件进行梳理，找出让自己心里不舒服的地方，逐个解决。这是比较务实的方法。另外，也可以大而化小地对待。我自己的感悟是，面对不良情绪和压力时，一是让自己变得心大，告诉自己“最难过的时候就是即将迎来曙光的时候”“没有什么大不了的”“什么都不是事儿”；二是心怀感恩与慈悲，不论遇到什么事，只想自己拥有的，而不是缺失的，想让自己幸福的，而不是难过的，盯着自己所拥有的快乐，不断告诉自己：“我已经拥有太多太多了！”“所有来到我身边的人和事，都是来帮助我成长的。”“他们已经很可怜了，我没必要再计较。”三是尽人事听天意，事前做最大的努力，坦然接受可能的不成功；努力改变自己可以改变的，接受不能改变的。

当你内心豁达开阔时，或心存感恩时，或接受现状时，就是压力离你而去之时。这时请你调整呼吸，让呼吸变得越来越均匀而深长，直到沉沉睡去……

如果，你怎样都无法睡一场好觉，请求助于医生，短时间内口服一些助眠的产品，让身体“喘口气”再逐步调理身心也是可以的。

压力严重影响我们的健康，除了肥胖，更会带来神经衰弱、高血压、内分泌紊乱，以及慢性疲劳等问题，大家千万不能掉以轻心。学会为自己减压，你的人生会走出一片新的天地。

要素六：性激素调理，中年不是胖的理由

有的人，年轻的时候很瘦，但人到中年后就一发不可收拾地胖了起来，究其原因，主要有以下几方面：

- 运动量减少，肌肉流失，基础代谢下降
- 中年人在工作中是中流砥柱，在生活中是老幼的依靠，压力很大，导致压力性肥胖
- 出差奔波，三餐不规律，应酬交际，肥甘厚腻吃得多
- 随着年龄增长，性激素水平下降，影响脂肪的合成与分解，脂肪的分布也不同于年轻时

中年肥胖的原因是综合性的，与饮食结构、运动、压力以及性激素水平均有关系，需要制订综合的解决方案。本书前面章节介绍的饮食、运动以及压力管理等方法，同样适用于中年发福的你，下面我主要介绍如何在生活中调理性激素，以提高减脂的有效性，同时让你的身体更年轻、更健康。

性激素在20~25岁时达到分泌高峰，之后开始逐步下降。女性在40岁后可能会发现自己的生理周期出现了一些变化，如月经量减少、经期拖尾或周期变短等，这些都是雌激素、孕激素分泌的量与周期失衡的表现。男性在45岁以后，也会发现自己精力、体力大不如前，容易疲劳，缺乏运动的男性还会发现自己胳膊和腿部肌肉松弛，力量感下降，这些都与雄激素分泌减少有关。

雌激素是身体脂肪分布的调节剂，决定着脂肪更容易长在什么部位，雌激素分泌量正常的女性皮肤细腻、身材有致，脂肪往往更容易长在凸显女性魅力的胸部、臀部，怀孕期间则脂肪更容易长在腹部和盆腔周围，有利于女性孕育宝宝。

雄激素有利于肌肉生长，这也是女性健身相比男性更难长肌肉的根本原因。而同样是男性，年轻人比年龄大的人更容易练出肌肉，也是由雄激素水平决定的。

性激素不只与身材有关，也与各种性靶器官的疾病密切相关。40岁以上的女性和45岁以上的男性都应该关注自己的性激素水平，建议每年或每半年检测一次激素水平（如内分泌6项等），以了解性激素变化情况，酌情调养。

激素与青春期、孕产期以及压力性肥胖均有关系，其作用机理复杂，我们暂不讨论，有需要了解的朋友可以咨询医生。

① 饮食调养

如果你激素水平基本正常，也没有明显的生理改变，建议可以有意识地多吃富含天然激素的食物，包括大豆制品（如豆浆、豆腐、豆腐干、豆奶等）、葛根、山药、海苔、燕窝、蜂王浆等。男性还可以吃一些富含锌的食品，如海鲜、猪肝、瘦肉、羊肉、坚果等。也可以吃一些有抗氧化作用的食物，延缓衰老进程，如富含维生素C的蔬果、富含维生素E的坚果与肉类等。

药食同源的当归、三七、生地、麦冬、党参、黄芪、虫草等，补气养血、滋阴温阳，用来煲汤也是不错的选择。保健食品中月见草油、维生素E、花青素、番茄红素、花粉、蜂王浆、胎盘素以及钙、镁、锌的产品，在评估身体状况的基础上可以适当补充。

② 中医药调养

找中医专家根据你的气血阴阳状况，辨证论治，制订药食同源的食疗方案，必要时服用一段时间的中药进行调养，可以很好地延缓性器官的衰老，改善性激素的分泌水平。

按照中医经络学说，可以进行任脉、肝脾肾三经，以及督脉相关腧穴的推拿疏通，或者可以居家按摩、艾灸三阴交、血海、关元、太溪、涌泉等穴位。

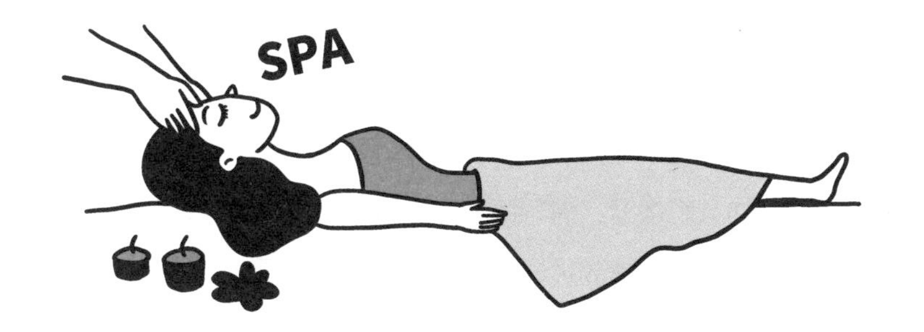

③ 药物干预

如果你的身体症状明显，如女性潮热、盗汗、心烦、失眠，建议去看医生，在评估检查的基础上，适当采取药物治疗，如口服或涂抹雌孕激素补充剂，尽可能选用天然药物。

④ 运动激活

运动是保持年轻最好的方法之一，女性可以选择激活激素的运动，如以女性器官为主要运动部位的肚皮舞、女性调理瑜伽等；男性可以选择有氧运动与力量运动的结合，通过有氧运动增强体质，通过局部（如腹部、下肢、臀部等）的力量运动激活男性激素，同时，肌肉的增加也会带来力量的增长与身姿的挺拔，从而焕发年轻时的勃勃生机。

最后，很重要的一点，心理因素也非常重要！爱上运动后，你会神采飞扬、步履轻盈，忘记年龄，保持愉快的心情，好心情也是激素良好的调节剂。

“六要素”愉快减肥法总结

在减肥的过程中保持心情愉悦，才能更好地将“减肥大业”坚持下去。本书的减肥理念：倡导不计算热量，不患得患失地计较每一餐的多少，偶尔吃点甜食放纵一下也不用内疚；不需要咬紧牙关、疲惫不堪地高强度运动；睡好每场觉，在不知不觉中提升基础代谢；人到中年的你要关注并维持较佳的激素水平……

以上这些，就是我总结的愉快减肥法。愉快减肥法包括以下六大要素。

要素一：减肥脑

减肥脑的核心就是给自己一个美好的愿景，描绘出自己的目标，越具体越好，贴在随处可见的地方，反复不断地、坚定地告诉自己：我可以做到！大脑的潜能将被激活，帮助你完成“减肥大业”。

要素二：减肥肠

减肥肠是充满益生菌的健康肠道，帮助你调节代谢，让你的体型不会太胖也不会太瘦。补充益生菌或益生元（膳食纤维、植物多糖）、饮食结构合理，是打造减肥肠的关键。

要素三：管住嘴

“管住嘴”主要关注三方面，一是饮食结构合理；二是保持七分饱（严重肥胖者五六分饱）；三是吃对的食物（对的食物就是让你身体感到舒服的食物）。早中晚三餐比例建议为4：4：2，严重肥胖者

晚餐可以只吃些蔬菜或代餐。

优质蛋白质来源多样，首选氨基酸评分高的优质蛋白，包括鸡蛋、牛奶、鱼肉、虾、鸡肉、鸭肉、瘦牛肉、瘦羊肉、瘦猪肉以及大豆等。

脂肪的总量要控制在每天20~25克，注意减少饱和脂肪的摄入，如动物油、花生油等，补充不饱和脂肪酸，如橄榄油、山茶油以及某些坚果等。必要时可以服用深海鱼油，以调节脂肪酸的比例。

碳水化合物总量控制在每天150克以下，优先选择粗粮、杂粮和薯类等低GI的食物，减少大米、白面、粥粉、蛋糕以及高甜度水果等高GI食物的摄入。高GI食物不要单独吃，应与蔬菜、肉类等夹杂食用，以维持血糖平稳。

富含纤维素与矿物质的蔬菜，每天至少摄入3~5种，至少500克，应选择不同颜色、不同部位的食材。水果含糖量高，并不是减肥的优选，可以选择低热量密度的水果适量食用，饭后和运动后是比较好的食用时间。

坚果脂肪含量高，不同坚果含有的饱和脂肪酸与不饱和脂肪酸的比例不同，可以选择巴旦木、核桃、杏仁等富含不饱和脂肪酸的坚果作为早餐或饥饿时的少量补充。

同时，我们还应该不断尝试，找到让自己身体感觉舒服、新陈代谢快（到点就饿）的食物。

要素四：迈开腿

有氧运动与力量运动缺一不可。

有氧运动有助于强壮体质，燃烧脂肪，每天建议运动30~60分钟，并达到有效燃脂心率，即（220-年龄）×（60%~80%）。

力量运动有助于增加肌肉，塑造体型。针对自己的体型制订相应的动作，每天锻炼1~2个部位，每个部位2~3个动作，每个动作做3组，每组10次左右。

运动重在坚持，切记时断时续，也不要过度运动。判断标准为运动后不会头晕，不会大汗淋漓，不出现心慌胸闷、呼吸困难，运动后24小时内可以恢复。

要素五：睡好觉

睡好觉是缓解压力的好方法，也是心理压力得以疏解的表现。吃好消化和有利于改善情绪的食物，有助于缓解压力，有氧运动以及琴棋书画等行为也有助于减压。当然，最重要也是最根本的还是要学会自我心理疏导，让自己心胸宽阔，心怀感恩和爱，愉快地接纳生活。

要素六：激素调养

不要中年肥胖，关键要及早开始关注自己的激素水平，并通过饮食、运动、推拿以及服用保健品、中药等方法进行调养。

虽然每个人的肥胖成因不同，但愉快减肥法的六大要素，基本上涵盖了肥胖的大部分原因。除了激素调养不是每个人都需要的，其他五项要素，我建议每一个想要减脂增肌塑身的朋友都要综合应用。

这些操作方法并不复杂，形成内在意识和生活习惯后，你就自然而然能做到，坚持下去，一定会遇见更健康、更年轻、更美好的自己。

第四章

看，那些减肥成功的人

案例1 半年减重14公斤，自律小姐姐的美丽人生

小钰，女，21岁，身高170厘米，体重68公斤，脸型圆润，双下巴明显，肩臂厚实，腰、臀、腿明显肥胖。

BMI：23.5　体脂率：31%

腰臀比：0.83

内脏脂肪指数：6　肌肉量：19%

基础代谢：1290千卡

小钰是个留学生，在加拿大生活了4年，回国后宅在家里，缺少运动，吃了很多甜食与冷饮，加上学习压力大、经常熬夜、作息不规律，短短1年的时间就肉眼可见的变胖了，原本的尖下巴成了双下巴，消瘦的胳膊也变得肥厚圆润，腹部、腰部、臀部都胖大了一圈，衣服从小码一跃变成了大码，整个人松懈无力，看起来简直老了10岁。

1. 分析

小钰的肥胖主要与饮食结构不良、压力大以及缺乏运动相关。BMI数据虽然还算好，但是因为缺少肌肉，身材不够

紧致，看起来比较胖。体脂与内脏脂肪高、肌肉量不足是主要问题。另外，小钰走路略有些驼背，呈“X”身型，体态也需要纠正。基础代谢偏低，需要增加肌肉以改善代谢。

对小钰的饮食偏好分析发现，她吃较多的米饭、蛋糕、奶茶、巧克力，总体饭量也偏大，蔬菜以及杂粮摄入明显不足。运动方面，近一年的运动量几乎为零。

2. 计划

小钰希望可以在2~3个月减重到52公斤左右，基于健康的考虑，我们建议她每月减重2~3公斤，用6个月左右的时间达成目标，同时改善全身肌肉量、紧致度和挺拔度，对肩臂、腰腹重点塑形，同时纠正她坐立行走的体态。

3. 方案

饮食

将整体的饮食总量调低，每餐七分饱，同时减少主食摄入量，减为原来的1/3，适当以玉米、南瓜、红薯等代替主食，保证优质肉类与海鲜的摄入，每日至少有3种绿色蔬菜，两餐之间饥饿时可以吃一些坚果与酸奶。水果可考虑番茄、橙子、火龙果之类的。我们不计算热量，但对食物的种类与质量有要求。

运动

一周至少运动3~4次，每次安排针对性的力量运动6~8组；有氧运动根据她个人喜好，安排了跑步机和椭圆机，运动30分钟。同时建议她跑步时间为每天30分钟。

作息

每日按时睡觉，至少保证8小时的优质睡眠。

4. 效果

我们制订的方案并不复杂。小钰为了快速减重，自己也非常努力，做到了每周4次运动，三餐严格控制在七分饱，主食大幅度减量，增加了高纤维的蔬菜水果，戒了所有饮料，只喝脱脂酸奶和脱脂奶。睡眠方面，由于她需要上海外的网课，昼夜颠倒，并没有能严格做到按时睡眠，而是有夜课时就白天睡，没有夜课时就晚上睡，大部分时候可以睡足8小时，偶尔熬夜学习。

第一个月没有看到明显的体重变化，继续坚持到第二个月，体重下降到62公斤左右，第三个月体重降到59公斤，第四个月变化不明显，第五个月降到54公斤，第六个月维持在54公斤左右，第七个月降到51公斤。

从第五个月开始，慢慢开始增加主食到正常量的1/2，三餐八分饱。第七个月开始，运动逐步减量，维持每周3~4次，每次20分钟有氧跑步。体重逐步保持在相对稳定的

51~53公斤，小钰整个人看起来苗条挺拔，脸型又恢复了精致的鹅蛋脸，臂膀也明显瘦削了，大腿和臀部依然比较结实，但整体看起来非常健康。

5. 建议

小钰出国留学前，我建议她继续保持八九分饱的饮食量，注重饮食多样化，控制主食，增加蔬菜，不喝冷饮，不吃巧克力、冰淇淋，一周坚持2~3次的运动（跑步、游泳等）。为了进一步塑形，每天建议3组力量运动，平时走路注意保持挺胸收腹，尽可能按时作息，保持充足睡眠。

我们相信在这样轻松愉快的减肥过程中，小钰会一直保持良好、健康的体型。

案例2 天天应酬的他，成功减掉了大肚腩

刘先生，男，43岁，身高173厘米，体重79.5公斤，体型壮实偏胖，肚腩明显。

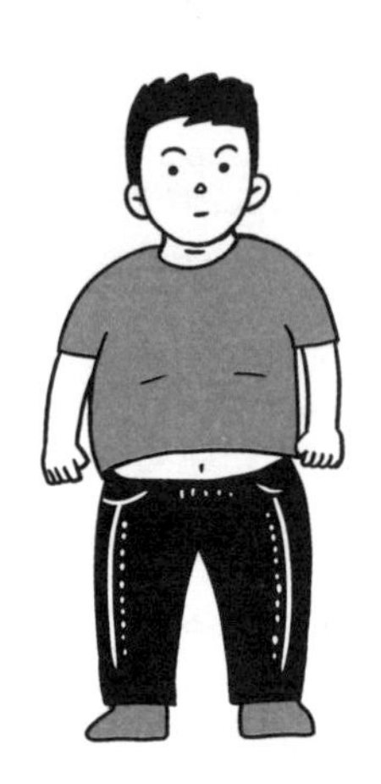

BMI：26.56　体脂率：26%

腰臀比：1.02

内脏脂肪指数：11　肌肉量：29%

基础代谢：1580千卡

刘先生是一家上市公司的销售总监，他平时应酬多，差旅多，生活作息不太规律，三餐经常在饭店解决，自述工作压力大，经常睡眠不良，自觉身体疲惫，精神状态不佳。他年轻时喜欢游泳，现在只是偶尔游1~2次，大部分时候运动量不够。

1. 目标

刘先生希望能在3个月内减重到70~73公斤，同时增加肌肉，减小肚腩，让体型挺拔。

2. 分析

刘先生看起来很结实粗壮，除了有肚腩，其他部位不算太肥胖。指标方面，BMI、体脂率、内脏脂肪均高，肌肉量不足。饭店的餐食比较油腻，荤多素少，饮食结构存在较大的问题，但他的工作性质决定了他很难不应酬。饮食结构不合理、运动不足、压力大，这三方面是刘先生的主要问题。

我们分析认为，3个月内体重和体脂达到要求应该是可行的，但消除肚腩需要时间，预计需要6个月。

3. 方案

饮食

由于王先生经常应酬，我们建议他减少总饭量，选择吃一些不太肥腻的肉和海鲜，增加蔬菜，减少主食量至1/3，减少饮酒，不喝饮料，每餐七分饱。同时，考虑到饮食结构的不合理以及饭店烹饪方式的特点，我们建议他每日增加B族维生素、深海鱼油以及益生菌三种保健产品。

运动

建议每日有氧运动30分钟，可以是跑步、打球、游泳，每周至少4次；为了减小肚腩，力量运动建议为俯卧撑、平板支撑和腹肌板，再加上深蹲增加腿部力量与臀部塑形，每天坚持4个动作，各5组。

减压

规律睡眠，晚餐不吃难消化的食物，躺在床上时远离手机，做深呼吸或呼吸冥想，感受身体一呼一吸之间越来越放松的状态。放空思想，睡个好觉，就是最好的减压方式。必要时可以适当吃一两次帮助睡眠的药物用来调节生物钟，缓解紧张焦虑。

4. 成效

体检报告中的血脂异常、脂肪肝等问题让刘先生痛下决心要减脂增肌。一开始，他每天游泳2千米，饮食方面，虽然应酬多，但他尽可能多吃蔬菜，少吃肥腻食物，多吃优质蛋白质，几乎不吃主食，不吃宵夜，三种保健品也都按时服用。

第一个月后，体重不降反升，涨了1公斤，但整个人精神状态有所改善，我们认为是大量运动促进了肌肉的生长，体重虽略有增加，但体型看起来更好了，建议继续坚持上述方案。第二个月体重降到76公斤，他自述吃饭没有太控制，运动量保持在一周5次游泳加力量运动20分钟。这期间他睡眠依然不好，吃了一段时间中药后有所好转。第三个月体重降到72.5公斤，整个人看起来紧致了很多，肚腩有所减少，但肉眼看着还是有比较明显的肚腩，腰臀比

为1.02，裤子尺码小了一码；饮食在保持基本原则不变的前提下，适当调整为八分饱，运动量不变。从第五个月开始，刘先生的肚腩有了明显改善，体型更结实有致，体重稳定在72~73公斤。

案例3 中年发福的她，重回少女“背影杀”

陈女士，女，46岁，身高162厘米，
体重60公斤

BMI：22.8 体脂率：32%
腰臀比：0.9
内脏脂肪：31% 肌肉量：18%
基础代谢：1250千卡

陈女士年轻时曾经是个“吃不胖”的人，顿顿饭都是十二分饱，经常睡前吃宵夜，体重一直保持在50公斤左右。但40岁以后，她觉得自己变了，吃得并不多，却容易胖了。去年她不再工作，闲散在家，一不留神，体重居然飙升到了60公斤。她受不了这样圆滚滚的自己，前来寻求帮助，想要找回那个纤瘦的、有少女感的自己。

1. 目标

3~6个月内体重回到50公斤左右，全身塑形。

2. 分析

其实陈女士并不算胖，只是看起来有些圆润饱满，脂

肪均匀地分布在脸、胳膊、胸、腹、腰、臀、腿上，但没有哪个部位特别胖。从她的情况来看，这种胖属于中年发福的类型。同时，46岁的她月经较以往变得量小且拖尾，考虑是卵巢功能下降，可能处于更年早期的阶段。我们建议她做了内分泌六项检测，证实了其卵巢功能下降，雌激素与孕激素水平有所失调。陈女士自述10余年前的基础代谢为1360千卡。饮食方面，她喜欢大量吃水果。运动方面，除了散步外几乎不做运动。

3. 方案

饮食

饮食方面的方案基本同上述两个案例，每餐七分饱，多吃优质蛋白，少主食，多蔬菜，少水果，戒冷饮、蛋糕、巧克力等甜食。不同之处在于，由于她处于更年前期，饮食上建议适当吃些大豆豆浆、葛根、山药、红枣、枸杞、当归等，必要时考虑用中医妇科方药调理一段时间，或者评估后采取激素替代疗法以纠正女性激素水平。陈女士选择了中药调理和食物调理。

运动

陈女士不喜欢运动，因此，最终协商确定，有氧运动选择每日快走至少5公里，心率达到120次/分左右，全身微微发汗。力量运动方面就只是每日睡前做仰卧起坐30个，深蹲10个，3磅哑铃举过头顶20次。

4. 成效

这么简单的减肥方案，运动不多，饮食只做了一些调整，原本以为不会太快看到效果，结果却出人意料地好。2个月后陈女士的体重降到55公斤，4个月后达到50~51公斤。在访谈中发现，陈女士早中餐只吃七分饱，晚餐几乎不吃或简单吃一条小黄瓜、圣女果，主食也几乎改为半根玉米、一片南瓜或一小条红薯，每餐先吃蔬菜再吃其他食物。运动方面她没有做到天天坚持，但一周会有2~3次快走、散步，睡前基本上都会做仰卧起坐与深蹲。

陈女士现在坚持5个多月了，她看起来苗条了很多，背影重现少女感，但总体肌肉仍然不够，紧致度还有所欠缺，深蹲改善了臀部和腹部线条。她自己感到很满意，表示要继续坚持。

第五章

那些减肥路上的“坑”

1. 我饿自己千百遍，脂肪爱我如初恋

有过减肥经历的人基本上都试过节食减肥，为什么我们饿得头晕眼花，那“该死的”脂肪依然“阴魂不散”？有时好不容易瘦了些，一不小心“减肥事业”又“全线崩溃”，变本加厉地胖回来？这是因为我们管住了嘴却管不住脑！

我们都有个精明的大脑，很多琐碎的“小事”都由大脑全权处理，比如呼吸、心跳，以及我们的体重。大脑早练就了一整套控制体重的本领，24小时不间断地监控着身体中的热量平衡，它就像个精明的会计，通过各种“开源节流”的办法，维持热量平衡，保证体重的相对稳定。

我们一起来看一下，当你饿得“头晕眼花”时，大脑是怎样跟你“斗智斗勇”的。

吃的少，大脑会让你吸收多消耗少

当你长期处于饥饿状态，大脑会自动启动节能模式，即节约型基因被激活，提高身体对热量的吸收效率，还会提高身体的运转效率，降低维持日常活动需要的热量。打个比方，原先你得吃三碗饭才能吸

收300千卡的热量，现在可能只需要两碗饭就够了。原来需要300千卡热量才能完成的工作，现在可能200千卡就够了。大脑会让你每日处于“热量结余”的状态。

能量不够，消耗肌肉来凑

除了能量上的“节流”，大脑还会“开源”。简单来说，身体有四种能量来源，血液中的葡萄糖（口袋里的零钱）、肝糖原（活期存款）、脂肪（定期存款）和肌肉（固定资产）。在长期过度饥饿的状态下，平时不会被当作能量来源的肌肉，也会参与供能。肌肉的流失会降低基础代谢，使你成为“易胖体质”，得不偿失。

大脑会对你圆润的样子印象深刻

在人类几十万年的进化过程中，大脑陪伴我们度过的大部分日子实在是太苦了，让它一直很头疼的问题是：饭总不够吃，人一不小心就被“饿死”了。种种研究表明，只要你胖过，大脑就会牢牢记住你胖的样子，不断调动身体中的“同伙们”来维持你圆润的样子。

大脑不是“一个人在战斗”

大脑中的下丘脑是控制食欲、饥饿感和热量平衡的核心器官。可是下丘脑不是“一个人在战斗”，和它并肩作战的还有支配感觉（视觉、嗅觉、味觉）和情感（喜欢、渴望、想象、记忆）的其他神经系统。饥饿时它们会联动起来不断告诉你：“我想要吃食物！”，这个暗示会刺激压力激素的分泌，引发一系列代谢问题。

而且，当你的毅力不足以让你继续坚持的时候，你会发现自己吃得比原来还多！或者即便只是平时的饮食量，但增多的压力激素会降低的基础代谢，让你的减肥计划很容易“溃败”。

总而言之，靠短期内的忍饥挨饿来急速减肥，结果很可能是“饿着饿着就胖了”。减肥要科学地吃，而不是单纯靠饿，学会正确对待食物，才是一劳永逸的减肥。

2. 和主食“有仇”？小心健康问题找上门

现在比较流行的“低碳饮食法”“生酮饮食法”，似乎都是一副“和主食有仇”的样子，有极端者更是常年“粒米不进”，吃一口馒头都会内疚好久。当我们看到身边偶尔有“挑食减肥”成效的人时，主食就更容易被视为减肥路上“最大的绊脚石”了。

我无意评论这些饮食方法的对错，毕竟身体状况因人而异，减肥的需求也因人而异，找到合适自己的科学有效的方法就是好的。接下来我想站在科学客观的角度来分析，帮助你避开减肥路上的“坑”。

正常情况下，我们的身体以碳水化合物提供的葡萄糖作为主要的能量来源，在极低碳水化合物（小于100克）饮食的情况下，我们饮食中必然会增加蛋白质和脂肪。血糖降低时，肝脏将储存的肝糖原重新转变为葡萄糖，释放入血液，维持血糖平衡，同时身体开始发生脂肪的分解，即分解细胞内的脂肪，以脂肪酸的形式释放到血液中，肝脏利用脂肪酸合成酮体，酮体帮助利尿，减少身体水分，同时血液中酮体含量高也会抑制食欲，进而实现控制总热量的目的。这样一来，身体的能量来源由以葡萄糖为主逐步转变为以消耗脂肪酸为主。

低碳生酮饮食加上每天总热量的控制，会迫使人体分解脂肪，对体脂率高的严重肥胖者，确实会有比较明显的减肥效果。

但是，低碳生酮饮食也存在一定的危害，需要在专业的指导下进行。另外，这种饮食方法不适用于以下人群：

- 有高血压、高血脂、高尿酸、冠心病的人群
- 肠胃消化功能差的人

- 生长发育期的儿童和青少年
- 月经失调，患有多囊卵巢综合征的女性
- 孕妇和老人

我们大脑1/3的脑细胞与血红细胞只能由葡萄糖供能。美国医学研究所建议人体每天摄入130g碳水化合物，这是大脑最小的葡萄糖需求量。过低的碳水化合物水平会影响人体脑功能，有可能伴随以下症状：无精打采、昏昏欲睡、反应迟钝、情绪低落甚至暴躁。因此，抑郁症患者、阿尔茨海默病患者也不建议低碳水饮食。

减肥人群除了“管住嘴”之外，基本上还会有相对高强度的有氧运动和力量运动。若碳水化合物及总热量摄入不足，而运动量又大时，就会引发机体的糖异生，也就是由非碳水化合物（蛋白质、脂肪、乳酸）转换成葡萄糖。通常情况下，蛋白质糖异生的速率会高于脂肪，也就是说，你体重轻了，你以为减掉的是脂肪，其实可能是流失了肌肉，基础代谢也会因此降低。一旦你摄入了较多热量，体重就更容易反弹，反弹回来的可不是肌肉，而是脂肪哦。

3. 求瘦心切，太快减重易反弹

我们不时会看到一些所谓“一个月瘦20斤”的减肥营、真人秀节目。2021年10月，一女大学生在减肥营猝死的消息引起了广泛关注，本人强烈呼吁大家不要尝试快速减肥法。

快速减肥法无外乎过度节食与过量运动。节食程度令人咋舌，一天只吃一杯酸奶、一份凉菜、一碗白菜豆腐汤、一个鸡蛋和少量水果，极端者干脆一天只吃1~2块减肥饼干，与此同时还要大量运动。他们每天都要制订目标，不达标就进一步减少食物、加大运动。

这样做的危害特别大，我建议大家不要效仿。首先，过度节食因为缺乏足够的蛋白质和均衡的矿物质元素，容易出现头晕头痛、疲劳、情绪低落或暴躁、肌肉抽痛或痉挛等症状，并且会大量流失肌肉，包括四肢躯干的肌肉以及支撑和保护内脏的肌肉，心肌一旦被分解，就可能造成严重的心脏病。碳水化合物不足会影响大脑功能，出现学习能力和记忆力减弱的症状，严重者甚至会引发抑郁症等。

每天4~5个小时的高强度运动，会被身体辨识为压力，进而分泌压力激素，影响免疫功能、内分泌功能和消化功能等，带来全身功能的紊乱。高强度运动会导致乳酸大量堆积，刺激神经末梢，增加肌肉和关节的压力；血液中肌酸激酶和肌红蛋白增加，会加重肾脏负担，严重者会导致肾功能衰竭。而快速减重损失的肌肉还会降低新陈代谢，一旦新陈代谢降低，就意味着“一吃就反弹”。

因此，我们建议正常的减肥速度为每个月减重2~4公斤，关于每日的热量摄入，女性建议不低于1400千卡，男性建议不低于1600千卡，健康有序地减重才是科学的做法。

4. 关于减肥的常见问题

Q1 有人说每天只吃1根香蕉、1个苹果、1根黄瓜和几颗圣女果（樱桃番茄），1个月能减掉5公斤，这种方法科学吗？

董博士答

每天只吃少量的低糖水果和蔬菜，确实可以因为热量入不敷出而在短时间内瘦下来，但我们不提倡用这种方法减肥。

如果只吃水果和蔬菜，缺少蛋白质和脂肪的摄入，营养不均衡。蛋白质摄入不足会造成肌肉流失，肌肉的流失一方面导致身体抵抗力下降，虚弱萎靡，另一方面也会导致新陈代谢减慢，得不偿失。脂肪摄入不足，会影响身体神经内分泌的调节平衡，甚者导致内分泌性疾病。而且，营养不均衡带来的影响是多方面的，为了减肥而影响健康就本末倒置了。

另外，长期的热量缺口，会让身体产生“节约意识”，一旦恢复正常饮食则可能报复性反弹，多次反弹会让减肥变得更加困难，身体受损严重。

因此，我们建议要在营养均衡的基础上科学减肥。

Q2

身高1.60米，体重70公斤，为了快速减肥，我采取了严格的节食与运动，不到两个月瘦了10公斤，可是最近两个月的月经很不正常，请问这是怎么回事呢？

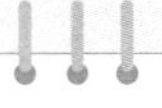

董博士答

肥胖是一种代谢性紊乱，与饮食结构和生活方式密切相关。月经的周期性产生受下丘脑—垂体—性腺轴的调控，也与营养相关。过度的饮食控制与高强度的运动，会导致全身各器官营养不均衡或营养不良，女性的性器官同样处于营养不足的状况，同时下丘脑—垂体—性腺轴的功能也受到影响，进而造成月经迟发、量少，甚至闭经等情况。

减肥导致的月经失调主要有两种情况，一种是体重减得太快，一种是体重减得太多。这个案例属于前者。

针对已经出现的月经失调，我们建议要适当放慢减肥进度，循序渐进，可以找营养师或参照本书前面章节检视一下你的饮食方案，确保各种营养成分的均衡摄取。同时热量缺口不宜过大，即每日的热量消耗与摄入之间的差距小于200千卡。另外，还要给自己减轻压力，把减肥当作一项愉快的事业来坚持，不要给自己太多压力，放松心情对调节月经很重要哦。一般来说，待营养与热量调节到较好的水平后，3~6个月的时间，月经就会恢复正常。最后，如果月经不调已经比较严重的话，建议找妇科医生检查和治疗，以免耽误病情。

Q3 我是女生，为了提高基础代谢，我想通过健身提高肌肉含量，可是不想变得像男人那样的满身肌肉，我该怎么做呢？

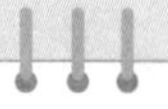

董博士答

由于女性和男性体内激素水平迥异，男女在运动增肌方面的差别也是很大的，肌肉的生长受雄性激素的影响较大，这也是为什么我们看到男性的肌肉往往比女性发达的原因。

女性想要通过锻炼长出像男性那样结实的肌肉是非常不容易的，正常的力量运动会让女性有一定的肌肉量，身材更加紧致，富有张力与青春活力。我们不用担心健身会变成男人那样的满身肌肉哦。

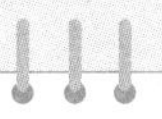

Q4 听说不吃主食有利于减肥，我曾试着只吃肉类和果蔬，可总是感觉胃肠胀气，我还要坚持吗？

董博士答

不吃主食或少吃主食确实有助于减肥，但也要因人而异。从饮食营养均衡的角度来讲，我们不主张完全不吃主食，可以考虑少吃主食，并适当以粗粮、杂粮替代精细主食。

主食一般含有较多的碳水化合物，摄入后血糖快速升高，不利于减肥。但是如果采取少吃主食的饮食模式，必然会增加蛋白质和脂肪以及膳食纤维等在饮食中的构成。而富含蛋白质、脂肪的食物，以及富含膳食纤维的蔬菜、杂粮等，显然比主食类食物更难消化，对于胃肠功能是个考验，有些脾胃虚弱的人就会出现消化不良、胀气等情况。

对于胃肠功能弱的人，我们建议饮食上要选择好消化的食物，如鱼肉、鸡肉、鸡蛋、牛奶等。少食多餐，减少晚餐也是比较好的办法哦。

另外，饮食顺序对于减肥也很重要。粥、粉、面等容易消化的高GI食物不要一口气吃掉，最好是和肉、菜混杂着吃，这样可以降低GI值。

Q5 我想要瘦下来，像朋友一样控制食量，可是我很容易饿，而且一不小心就会低血糖，我该怎么办呢？

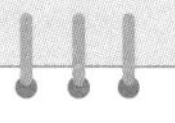

董博士答

很容易饿，请看一下自己的饮食结构。一般来说，如果一餐的食物是以淀粉、果蔬为主的话，就很容易饿，以高蛋白、高脂肪为主的话，就不容易饿。考虑到你想要减肥，更应该减少主食的摄入量，适当增加富含蛋白质和脂肪的食物，这类食物的饱腹感强，胃肠排空时间长，是减肥较好的选择。

容易低血糖，说明你体内的血糖容易波动。我们建议在控制总热量的基础上，少食多餐，如一天分作5~6顿饭，这样可以在控制饮食的同时做到血糖平稳。

低血糖是很危险的，严重者会昏倒，因此我们建议低血糖的人要随身带一些糖果，一旦感到饥饿，就马上吃一颗糖，预防低血糖的发生。

Q6

我是北方人，喜欢吃面食、喝粥，平常食量并不大，但一直都比较胖，在不改变饮食喜好的情况下，怎么做可以控制体重呢？

董博士答

粥、粉、面都是高GI食物，摄入后容易引起血糖的快速升高，不利于减肥，但做到以下几点也是可以的。

首先，不要一口气喝完一碗粥或吃完一碗面，改为喝一口粥吃一口菜，吃一口面吃一块肉，这样多种食物混杂着吃的方式，可以适当降低GI值。

其次，粥选择杂粮粥，面选择粗粮面，对于减肥者来说，这些都是不错的选择哦。

最后，减肥重要的是要控制总热量，每天坚持七八分饱，再做适当运动，相信日积月累也会有好的减肥效果的。

Q7 身边有朋友减肥成功了，虽然身材苗条了，但是看起来面部松弛，是不是减肥就会带来面部松弛的问题呢？

董博士答

减肥一定不能只注重减脂，还要加强增肌训练，这样才能让身体苗条又紧致。

在准备开始体重管理的时候，我们建议先做身体成分分析与体型体态分析，了解自己的体脂率与肌肉量，以及体型上需要改善的地方，进而制订科学合理的减脂增肌方案。如果只是通过节食减轻体重，在此过程中会不可避免地造成肌肉流失，肌肉的流失会导致整个人看起来无力而松弛。人虽然瘦了，但没有生机勃勃的美感，面部也会松弛垂坠，影响美观。

因此，减肥的同时一定要通过运动进行增肌。增肌可以仅针对局部，弥补身材的短板，也可以针对全身，增强身体的弹性与紧致。另外，肌肉量的增加还会提高基础代谢，减少反弹，打造“不易胖体质”。

Q8 只要压力一大，无论吃多少我都会变胖，可是工作中的压力又不可避免，如何才能在压力下不变胖呢？

董博士答

这是典型的压力型肥胖，本书前面章节讲过，这里就不赘述了。解决问题的关键在于如何舒缓压力，以及控制自己不因为压力而在不知不觉间吃很多零食（很多人都会这样哦）。

如何舒缓压力？我们认为最重要的是要懂得自我安慰与自我暗示，试试对自己说这样的话：

“这件事确实很不容易，我感到有压力，其他人肯定也一样，我是其中做得不错的了。”

“这已经是我能做到的最佳水平了，再焦虑也没用，不如就这样吧，兵来将挡，水来土掩。”

“其实我已经很幸福了，有这么多关心我、爱护我的人。”

“这件事情我自己也是有错误的，不能全怪别人。”

“他这样做，肯定是有苦衷的，他也不容易。”

“可能是我自己太敏感了，别人也不一定这么想。”

只要能睡个好觉，压力自然而然会消减不少。实在睡不好时，偶尔吃一粒安眠的药物或保健品也是可以的。

另外，要记得控制自己不要吃太多食物，甚至还可以有意识地少吃一点哦。

Q9

我工作时基本都坐着不动，身体其他方面还好，就是特别容易长大肚腩。工作劳累，下班不想运动，有没有可以边工作边偷偷减肚腩的好办法呢？

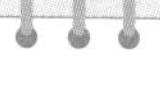

董博士答

坐着不动肯定容易长肚腩啦，尤其人到中年以后。

针对肚腩问题，我以自己的经验给你支几招：

- 可以购买腹部按摩仪，上班的时候开启按摩功能，让肚子处于被动运动的状态，一有空就按摩
- 坐着、走着或站着的时候，每隔1~2小时，做收腹提肛动作10次，也可以试着有意识地让自己经常处于收腹而不是肚子摊开的状态
- 晚上睡前做几个仰卧起坐和平板支撑
- 减少肥腻、煎炸食物的摄入

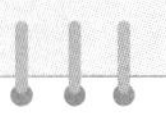

Q10 听人说吃保健品可以轻松愉快地减肥且效果好，真的是这样吗？

董博士答

减肥的保健品一般有这么几大类：

- 膳食纤维类，占据胃容量，增加饱腹感，刺激肠道，促进排便，对于食量大、长期排便不顺畅的人来说有一定的好处
- 酵素与益生菌类，主要通过植物酶及菌群调节肠道功能，改善肠黏膜，并通过配方结构的优化促进脂肪代谢等，对于胃肠功能紊乱导致的代谢失调性肥胖有一定的益处，但不能直接起到减肥的效果。以益生菌为例，肠道菌群健康的人，更趋向体型适中，一般不会太胖，也不会太瘦
- 中药类，由具有降脂成分的中药组成，一般以祛湿排毒等为主。但这类保健品缺乏辩证基础，不一定适合所有人
- 西药成分类，建议咨询医生。

总之，保健类产品需要根据个人情况来判定是否合适，不建议盲目选用。

Q11 肥胖的人更容易得脂肪肝和高血脂吗?

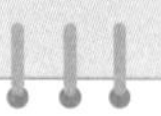

董博士答

答案是肯定的。肥胖本身就是脂肪代谢紊乱的表现，脂肪代谢紊乱可以体现在皮下脂肪积聚，也可以体现在肝脏脂肪堆积、高血脂以及血管壁脂肪沉积等方面，因此，减肥不只是为了漂亮，更是为了身体健康。

执行减脂增肌方案，在控制体重的同时，对脂肪肝和高血脂也有一定的改善作用。

Q12 我自己不太喜欢运动，又想减脂增肌，可以通过理疗仪器实现吗?

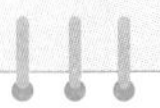

董博士答

被动运动型的理疗仪器可以部分替代运动，但不能完全替代运动对身体的作用。

理疗仪器种类繁多，我大致介绍几类:

- 发光发热类仪器。主要功能是疏通经脉，改善微循环，促进乳酸代谢和炎症消除。这类仪器不能代替运动功能
- 按摩类仪器。针对肌肉的推拿揉捏，算是被动运动的一种，可以松解肌肉紧张酸痛，帮助紧致肌肉等。针对某些部位的长期按摩可以起到一定的增肌效果，但相比力量运动收效甚微
- 旋转扭动类仪器。属于传统意义上的被动运动，可以起到一定的运动作用，如扭腰盘、旋转椅等，但强度上远远不及主动运动
- 其他仪器。近年来市面上出现了较多新型仪器，如冷冻减脂仪等，从原理上看，其对局部减脂有一定效果，但还需要进一步观察

总之，“管住嘴，迈开腿”是减脂增肌的关键，理疗仪器只能作为辅助。

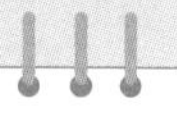

Q13 我肌肉结实，大腿粗壮，应该怎么减肥呢？

董博士答

肌肉结实的人可能体重基数较大，但看起来不一定胖。如果体脂率正常，其他身体成分也无异常，只是想要改变大腿粗壮的问题，我们建议可以采取比较和缓平稳的有氧运动，如游泳、慢跑，配合瑜伽拉伸等动作，同时在均衡饮食的基础上，适当减少食物的摄入量。

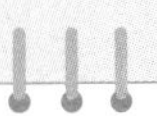

Q14 一胖就胖脸，一瘦就瘦胸，我该怎么办呢?

董博士答

要想苗条漂亮又凸凹有致，减脂与增肌二者缺一不可。通过减脂可以达到脸变瘦，身材变苗条的效果，但在身材变苗条的同时，胸部也会缩小。这时就需要我们针对胸部做些增肌的锻炼，通过肌肉的饱满紧致，让胸部看起来圆润挺拔。其实不只是胸部，臂膀、腰部、臀部也需要通过力量运动来增肌塑形，具体动作可以参照前面章节的内容。

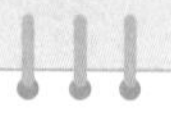

Q15 中药减肥，有用吗？

董博士答

中医中药在我国有着悠久的历史，通过望闻问切辨别证型，给出相应的治疗方剂，可以治疗各种病症，也可以强身健体。每个人的体质不同，肥胖的成因各异，有痰湿、气虚、阳虚、血瘀、脾虚、寒凝等分型，通过专业中医师的四诊合参，辨别所属证型，服用中药进行调理，是从根本上改善体质的方法，可以尝试。在服用中药的同时，配合饮食控制与适当运动，则可以相辅相成，事半功倍。

写在最后

越坚持，越美丽，致努力的自己

亲爱的朋友，看到这里，本书已接近尾声，我相信你已经知道了自己肥胖的原因，也知道了本书倡导的“愉快减肥法”——打造减肥脑、打造减肥肠、管住嘴、迈开腿、舒缓压力、调节激素，找到适合的方案让自己瘦下来，身材好起来。相信你也制订了自己的目标与计划，那么，现在就信心满满地开始，在过程中鼓励自己、赞赏自己，一起期待华丽的蜕变吧。

我的蜕变日志

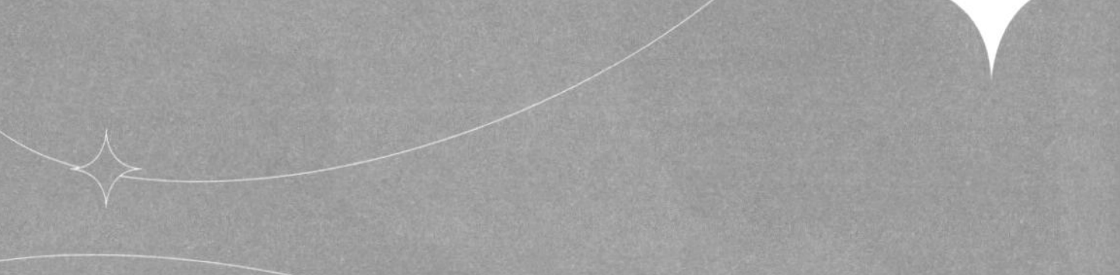

90天

自律打卡手册

我的目标

姓　名_______　年　龄_______　体重_______

体脂率_______　肌肉量_______　BMI_______

我想要改善的身体部位_______（一次最多改善2个部位）

我计划从_______年_______月_______日开始，用90天的时间，把体重减到_______公斤（备注：每月减重2~4公斤为宜，如属于重度肥胖者，可以延长计划时间）。

我将按照书中对饮食和运动的指引，每天坚持，希望尽快和最美的自己相遇。

签名：

日期：

Day 1 年 月 日

大项	细分项目	我做到了☺	我没做到☹
饮食管理	肉、鱼、蛋、奶、坚果、蔬菜、杂粮、薯类、水果，以上 9 类食物，我尽可能都吃		
	早中晚餐热量比 3 ∶ 4 ∶ 2		
	低碳水，高优质蛋白		
	不吃油腻煎炸食物		
	七八分饱		
	每日足量饮水（不是饮料哦）		
运动管理	有氧运动至少 20 分钟（慢跑、快走、游泳、打球等）		
	力量运动，至少两个动作，每个动作三组		
心情睡眠	提醒自己放松心情，每天睡个好觉		

Day 2 年 月 日

大项	细分项目	我做到了☺	我没做到☹
饮食管理	肉、鱼、蛋、奶、坚果、蔬菜、杂粮、薯类、水果，以上 9 类食物，我尽可能都吃		
	早中晚餐热量比 3 ∶ 4 ∶ 2		
	低碳水，高优质蛋白		
	不吃油腻煎炸食物		
	七八分饱		
	每日足量饮水（不是饮料哦）		
运动管理	有氧运动至少 20 分钟（慢跑、快走、游泳、打球等）		
	力量运动，至少两个动作，每个动作三组		
心情睡眠	提醒自己放松心情，每天睡个好觉		

Day 3 年 月 日

大项	细分项目	我做到了☺	我没做到☹
饮食管理	肉、鱼、蛋、奶、坚果、蔬菜、杂粮、薯类、水果，以上 9 类食物，我尽可能都吃		
	早中晚餐热量比 3 ∶ 4 ∶ 2		
	低碳水，高优质蛋白		
	不吃油腻煎炸食物		
	七八分饱		
	每日足量饮水（不是饮料哦）		
运动管理	有氧运动至少 20 分钟（慢跑、快走、游泳、打球等）		
	力量运动，至少两个动作，每个动作三组		
心情睡眠	提醒自己放松心情，每天睡个好觉		

Day 4

______年______月______日

大项	细分项目	我做到了☺	我没做到☹
饮食管理	肉、鱼、蛋、奶、坚果、蔬菜、杂粮、薯类、水果，以上9类食物，我尽可能都吃		
	早中晚餐热量比3 ：4 ：2		
	低碳水，高优质蛋白		
	不吃油腻煎炸食物		
	七八分饱		
	每日足量饮水（不是饮料哦）		
运动管理	有氧运动至少20分钟（慢跑、快走、游泳、打球等）		
	力量运动，至少两个动作，每个动作三组		
心情睡眠	提醒自己放松心情，每天睡个好觉		

Day 5

______年______月______日

大项	细分项目	我做到了☺	我没做到☹
饮食管理	肉、鱼、蛋、奶、坚果、蔬菜、杂粮、薯类、水果，以上9类食物，我尽可能都吃		
	早中晚餐热量比3 ：4 ：2		
	低碳水，高优质蛋白		
	不吃油腻煎炸食物		
	七八分饱		
	每日足量饮水（不是饮料哦）		
运动管理	有氧运动至少20分钟（慢跑、快走、游泳、打球等）		
	力量运动，至少两个动作，每个动作三组		
心情睡眠	提醒自己放松心情，每天睡个好觉		

Day 6

______年______月______日

大项	细分项目	我做到了☺	我没做到☹
饮食管理	肉、鱼、蛋、奶、坚果、蔬菜、杂粮、薯类、水果，以上9类食物，我尽可能都吃		
	早中晚餐热量比3 ：4 ：2		
	低碳水，高优质蛋白		
	不吃油腻煎炸食物		
	七八分饱		
	每日足量饮水（不是饮料哦）		
运动管理	有氧运动至少20分钟（慢跑、快走、游泳、打球等）		
	力量运动，至少两个动作，每个动作三组		
心情睡眠	提醒自己放松心情，每天睡个好觉		

Day 7

______年______月______日

大项	细分项目	我做到了☺	我没做到☹
饮食管理	肉、鱼、蛋、奶、坚果、蔬菜、杂粮、薯类、水果，以上9类食物，我尽可能都吃		
	早中晚餐热量比3：4：2		
	低碳水，高优质蛋白		
	不吃油腻煎炸食物		
	七八分饱		
	每日足量饮水（不是饮料哦）		
运动管理	有氧运动至少20分钟（慢跑、快走、游泳、打球等）		
	力量运动，至少两个动作，每个动作三组		
心情睡眠	提醒自己放松心情，每天睡个好觉		

Day 8

______年______月______日

大项	细分项目	我做到了☺	我没做到☹
饮食管理	肉、鱼、蛋、奶、坚果、蔬菜、杂粮、薯类、水果，以上9类食物，我尽可能都吃		
	早中晚餐热量比3：4：2		
	低碳水，高优质蛋白		
	不吃油腻煎炸食物		
	七八分饱		
	每日足量饮水（不是饮料哦）		
运动管理	有氧运动至少20分钟（慢跑、快走、游泳、打球等）		
	力量运动，至少两个动作，每个动作三组		
心情睡眠	提醒自己放松心情，每天睡个好觉		

Day 9

______年______月______日

大项	细分项目	我做到了☺	我没做到☹
饮食管理	肉、鱼、蛋、奶、坚果、蔬菜、杂粮、薯类、水果，以上9类食物，我尽可能都吃		
	早中晚餐热量比3：4：2		
	低碳水，高优质蛋白		
	不吃油腻煎炸食物		
	七八分饱		
	每日足量饮水（不是饮料哦）		
运动管理	有氧运动至少20分钟（慢跑、快走、游泳、打球等）		
	力量运动，至少两个动作，每个动作三组		
心情睡眠	提醒自己放松心情，每天睡个好觉		

Day 10

______年______月______日

大项	细分项目	我做到了☺	我没做到☹
饮食管理	肉、鱼、蛋、奶、坚果、蔬菜、杂粮、薯类、水果，以上 9 类食物，我尽可能都吃		
	早中晚餐热量比 3 ： 4 ： 2		
	低碳水，高优质蛋白		
	不吃油腻煎炸食物		
	七八分饱		
	每日足量饮水（不是饮料哦）		
运动管理	有氧运动至少 20 分钟（慢跑、快走、游泳、打球等）		
	力量运动，至少两个动作，每个动作三组		
心情睡眠	提醒自己放松心情，每天睡个好觉		

Day 11

______年______月______日

大项	细分项目	我做到了☺	我没做到☹
饮食管理	肉、鱼、蛋、奶、坚果、蔬菜、杂粮、薯类、水果，以上 9 类食物，我尽可能都吃		
	早中晚餐热量比 3 ： 4 ： 2		
	低碳水，高优质蛋白		
	不吃油腻煎炸食物		
	七八分饱		
	每日足量饮水（不是饮料哦）		
运动管理	有氧运动至少 20 分钟（慢跑、快走、游泳、打球等）		
	力量运动，至少两个动作，每个动作三组		
心情睡眠	提醒自己放松心情，每天睡个好觉		

Day 12

______年______月______日

大项	细分项目	我做到了☺	我没做到☹
饮食管理	肉、鱼、蛋、奶、坚果、蔬菜、杂粮、薯类、水果，以上 9 类食物，我尽可能都吃		
	早中晚餐热量比 3 ： 4 ： 2		
	低碳水，高优质蛋白		
	不吃油腻煎炸食物		
	七八分饱		
	每日足量饮水（不是饮料哦）		
运动管理	有氧运动至少 20 分钟（慢跑、快走、游泳、打球等）		
	力量运动，至少两个动作，每个动作三组		
心情睡眠	提醒自己放松心情，每天睡个好觉		

Day 13

______年______月______日

大项	细分项目	我做到了☺	我没做到☹
饮食管理	肉、鱼、蛋、奶、坚果、蔬菜、杂粮、薯类、水果，以上 9 类食物，我尽可能都吃		
	早中晚餐热量比 3 ： 4 ： 2		
	低碳水，高优质蛋白		
	不吃油腻煎炸食物		
	七八分饱		
	每日足量饮水（不是饮料哦）		
运动管理	有氧运动至少 20 分钟（慢跑、快走、游泳、打球等）		
	力量运动，至少两个动作，每个动作三组		
心情睡眠	提醒自己放松心情，每天睡个好觉		

Day 14

______年______月______日

大项	细分项目	我做到了☺	我没做到☹
饮食管理	肉、鱼、蛋、奶、坚果、蔬菜、杂粮、薯类、水果，以上 9 类食物，我尽可能都吃		
	早中晚餐热量比 3 ： 4 ： 2		
	低碳水，高优质蛋白		
	不吃油腻煎炸食物		
	七八分饱		
	每日足量饮水（不是饮料哦）		
运动管理	有氧运动至少 20 分钟（慢跑、快走、游泳、打球等）		
	力量运动，至少两个动作，每个动作三组		
心情睡眠	提醒自己放松心情，每天睡个好觉		

Day 15

______年______月______日

大项	细分项目	我做到了☺	我没做到☹
饮食管理	肉、鱼、蛋、奶、坚果、蔬菜、杂粮、薯类、水果，以上 9 类食物，我尽可能都吃		
	早中晚餐热量比 3 ： 4 ： 2		
	低碳水，高优质蛋白		
	不吃油腻煎炸食物		
	七八分饱		
	每日足量饮水（不是饮料哦）		
运动管理	有氧运动至少 20 分钟（慢跑、快走、游泳、打球等）		
	力量运动，至少两个动作，每个动作三组		
心情睡眠	提醒自己放松心情，每天睡个好觉		

Day 16

______年______月______日

大项	细分项目	我做到了☺	我没做到☹
饮食管理	肉、鱼、蛋、奶、坚果、蔬菜、杂粮、薯类、水果，以上9类食物，我尽可能都吃		
	早中晚餐热量比3：4：2		
	低碳水，高优质蛋白		
	不吃油腻煎炸食物		
	七八分饱		
	每日足量饮水（不是饮料哦）		
运动管理	有氧运动至少20分钟（慢跑、快走、游泳、打球等）		
	力量运动，至少两个动作，每个动作三组		
心情睡眠	提醒自己放松心情，每天睡个好觉		

Day 17

______年______月______日

大项	细分项目	我做到了☺	我没做到☹
饮食管理	肉、鱼、蛋、奶、坚果、蔬菜、杂粮、薯类、水果，以上9类食物，我尽可能都吃		
	早中晚餐热量比3：4：2		
	低碳水，高优质蛋白		
	不吃油腻煎炸食物		
	七八分饱		
	每日足量饮水（不是饮料哦）		
运动管理	有氧运动至少20分钟（慢跑、快走、游泳、打球等）		
	力量运动，至少两个动作，每个动作三组		
心情睡眠	提醒自己放松心情，每天睡个好觉		

Day 18

______年______月______日

大项	细分项目	我做到了☺	我没做到☹
饮食管理	肉、鱼、蛋、奶、坚果、蔬菜、杂粮、薯类、水果，以上9类食物，我尽可能都吃		
	早中晚餐热量比3：4：2		
	低碳水，高优质蛋白		
	不吃油腻煎炸食物		
	七八分饱		
	每日足量饮水（不是饮料哦）		
运动管理	有氧运动至少20分钟（慢跑、快走、游泳、打球等）		
	力量运动，至少两个动作，每个动作三组		
心情睡眠	提醒自己放松心情，每天睡个好觉		

Day 19

______年______月______日

大项	细分项目	我做到了☺	我没做到☹
饮食管理	肉、鱼、蛋、奶、坚果、蔬菜、杂粮、薯类、水果，以上9类食物，我尽可能都吃		
	早中晚餐热量比3：4：2		
	低碳水，高优质蛋白		
	不吃油腻煎炸食物		
	七八分饱		
	每日足量饮水（不是饮料哦）		
运动管理	有氧运动至少20分钟（慢跑、快走、游泳、打球等）		
	力量运动，至少两个动作，每个动作三组		
心情睡眠	提醒自己放松心情，每天睡个好觉		

Day 20

______年______月______日

大项	细分项目	我做到了☺	我没做到☹
饮食管理	肉、鱼、蛋、奶、坚果、蔬菜、杂粮、薯类、水果，以上9类食物，我尽可能都吃		
	早中晚餐热量比3：4：2		
	低碳水，高优质蛋白		
	不吃油腻煎炸食物		
	七八分饱		
	每日足量饮水（不是饮料哦）		
运动管理	有氧运动至少20分钟（慢跑、快走、游泳、打球等）		
	力量运动，至少两个动作，每个动作三组		
心情睡眠	提醒自己放松心情，每天睡个好觉		

Day 21

______年______月______日

大项	细分项目	我做到了☺	我没做到☹
饮食管理	肉、鱼、蛋、奶、坚果、蔬菜、杂粮、薯类、水果，以上9类食物，我尽可能都吃		
	早中晚餐热量比3：4：2		
	低碳水，高优质蛋白		
	不吃油腻煎炸食物		
	七八分饱		
	每日足量饮水（不是饮料哦）		
运动管理	有氧运动至少20分钟（慢跑、快走、游泳、打球等）		
	力量运动，至少两个动作，每个动作三组		
心情睡眠	提醒自己放松心情，每天睡个好觉		

Day 22

______年______月______日

大项	细分项目	我做到了 ☺	我没做到 ☹
饮食管理	肉、鱼、蛋、奶、坚果、蔬菜、杂粮、薯类、水果，以上 9 类食物，我尽可能都吃		
	早中晚餐热量比 3 ： 4 ： 2		
	低碳水，高优质蛋白		
	不吃油腻煎炸食物		
	七八分饱		
	每日足量饮水（不是饮料哦）		
运动管理	有氧运动至少 20 分钟（慢跑、快走、游泳、打球等）		
	力量运动，至少两个动作，每个动作三组		
心情睡眠	提醒自己放松心情，每天睡个好觉		

Day 23

______年______月______日

大项	细分项目	我做到了 ☺	我没做到 ☹
饮食管理	肉、鱼、蛋、奶、坚果、蔬菜、杂粮、薯类、水果，以上 9 类食物，我尽可能都吃		
	早中晚餐热量比 3 ： 4 ： 2		
	低碳水，高优质蛋白		
	不吃油腻煎炸食物		
	七八分饱		
	每日足量饮水（不是饮料哦）		
运动管理	有氧运动至少 20 分钟（慢跑、快走、游泳、打球等）		
	力量运动，至少两个动作，每个动作三组		
心情睡眠	提醒自己放松心情，每天睡个好觉		

Day 24

______年______月______日

大项	细分项目	我做到了 ☺	我没做到 ☹
饮食管理	肉、鱼、蛋、奶、坚果、蔬菜、杂粮、薯类、水果，以上 9 类食物，我尽可能都吃		
	早中晚餐热量比 3 ： 4 ： 2		
	低碳水，高优质蛋白		
	不吃油腻煎炸食物		
	七八分饱		
	每日足量饮水（不是饮料哦）		
运动管理	有氧运动至少 20 分钟（慢跑、快走、游泳、打球等）		
	力量运动，至少两个动作，每个动作三组		
心情睡眠	提醒自己放松心情，每天睡个好觉		

Day 25

____年____月____日

大项	细分项目	我做到了☺	我没做到☹
饮食管理	肉、鱼、蛋、奶、坚果、蔬菜、杂粮、薯类、水果，以上 9 类食物，我尽可能都吃		
	早中晚餐热量比 3 ： 4 ： 2		
	低碳水，高优质蛋白		
	不吃油腻煎炸食物		
	七八分饱		
	每日足量饮水（不是饮料哦）		
运动管理	有氧运动至少 20 分钟（慢跑、快走、游泳、打球等）		
	力量运动，至少两个动作，每个动作三组		
心情睡眠	提醒自己放松心情，每天睡个好觉		

Day 26

____年____月____日

大项	细分项目	我做到了☺	我没做到☹
饮食管理	肉、鱼、蛋、奶、坚果、蔬菜、杂粮、薯类、水果，以上 9 类食物，我尽可能都吃		
	早中晚餐热量比 3 ： 4 ： 2		
	低碳水，高优质蛋白		
	不吃油腻煎炸食物		
	七八分饱		
	每日足量饮水（不是饮料哦）		
运动管理	有氧运动至少 20 分钟（慢跑、快走、游泳、打球等）		
	力量运动，至少两个动作，每个动作三组		
心情睡眠	提醒自己放松心情，每天睡个好觉		

Day 27

____年____月____日

大项	细分项目	我做到了☺	我没做到☹
饮食管理	肉、鱼、蛋、奶、坚果、蔬菜、杂粮、薯类、水果，以上 9 类食物，我尽可能都吃		
	早中晚餐热量比 3 ： 4 ： 2		
	低碳水，高优质蛋白		
	不吃油腻煎炸食物		
	七八分饱		
	每日足量饮水（不是饮料哦）		
运动管理	有氧运动至少 20 分钟（慢跑、快走、游泳、打球等）		
	力量运动，至少两个动作，每个动作三组		
心情睡眠	提醒自己放松心情，每天睡个好觉		

Day 28

______年______月______日

大项	细分项目	我做到了☺	我没做到☹
饮食管理	肉、鱼、蛋、奶、坚果、蔬菜、杂粮、薯类、水果，以上9类食物，我尽可能都吃		
	早中晚餐热量比3：4：2		
	低碳水，高优质蛋白		
	不吃油腻煎炸食物		
	七八分饱		
	每日足量饮水（不是饮料哦）		
运动管理	有氧运动至少20分钟（慢跑、快走、游泳、打球等）		
	力量运动，至少两个动作，每个动作三组		
心情睡眠	提醒自己放松心情，每天睡个好觉		

Day 29

______年______月______日

大项	细分项目	我做到了☺	我没做到☹
饮食管理	肉、鱼、蛋、奶、坚果、蔬菜、杂粮、薯类、水果，以上9类食物，我尽可能都吃		
	早中晚餐热量比3：4：2		
	低碳水，高优质蛋白		
	不吃油腻煎炸食物		
	七八分饱		
	每日足量饮水（不是饮料哦）		
运动管理	有氧运动至少20分钟（慢跑、快走、游泳、打球等）		
	力量运动，至少两个动作，每个动作三组		
心情睡眠	提醒自己放松心情，每天睡个好觉		

Day 30

______年______月______日

大项	细分项目	我做到了☺	我没做到☹
饮食管理	肉、鱼、蛋、奶、坚果、蔬菜、杂粮、薯类、水果，以上9类食物，我尽可能都吃		
	早中晚餐热量比3：4：2		
	低碳水，高优质蛋白		
	不吃油腻煎炸食物		
	七八分饱		
	每日足量饮水（不是饮料哦）		
运动管理	有氧运动至少20分钟（慢跑、快走、游泳、打球等）		
	力量运动，至少两个动作，每个动作三组		
心情睡眠	提醒自己放松心情，每天睡个好觉		

Day 31

______年______月______日

大项	细分项目	我做到了☺	我没做到☹
饮食管理	肉、鱼、蛋、奶、坚果、蔬菜、杂粮、薯类、水果，以上 9 类食物，我尽可能都吃		
	早中晚餐热量比 3 ∶ 4 ∶ 2		
	低碳水，高优质蛋白		
	不吃油腻煎炸食物		
	七八分饱		
	每日足量饮水（不是饮料哦）		
运动管理	有氧运动至少 20 分钟（慢跑、快走、游泳、打球等）		
	力量运动，至少两个动作，每个动作三组		
心情睡眠	提醒自己放松心情，每天睡个好觉		

Day 32

______年______月______日

大项	细分项目	我做到了☺	我没做到☹
饮食管理	肉、鱼、蛋、奶、坚果、蔬菜、杂粮、薯类、水果，以上 9 类食物，我尽可能都吃		
	早中晚餐热量比 3 ∶ 4 ∶ 2		
	低碳水，高优质蛋白		
	不吃油腻煎炸食物		
	七八分饱		
	每日足量饮水（不是饮料哦）		
运动管理	有氧运动至少 20 分钟（慢跑、快走、游泳、打球等）		
	力量运动，至少两个动作，每个动作三组		
心情睡眠	提醒自己放松心情，每天睡个好觉		

Day 33

______年______月______日

大项	细分项目	我做到了☺	我没做到☹
饮食管理	肉、鱼、蛋、奶、坚果、蔬菜、杂粮、薯类、水果，以上 9 类食物，我尽可能都吃		
	早中晚餐热量比 3 ∶ 4 ∶ 2		
	低碳水，高优质蛋白		
	不吃油腻煎炸食物		
	七八分饱		
	每日足量饮水（不是饮料哦）		
运动管理	有氧运动至少 20 分钟（慢跑、快走、游泳、打球等）		
	力量运动，至少两个动作，每个动作三组		
心情睡眠	提醒自己放松心情，每天睡个好觉		

Day 34

_____年_____月_____日

大项	细分项目	我做到了 ☺	我没做到 ☹
饮食管理	肉、鱼、蛋、奶、坚果、蔬菜、杂粮、薯类、水果，以上 9 类食物，我尽可能都吃		
	早中晚餐热量比 3 ： 4 ： 2		
	低碳水，高优质蛋白		
	不吃油腻煎炸食物		
	七八分饱		
	每日足量饮水（不是饮料哦）		
运动管理	有氧运动至少 20 分钟（慢跑、快走、游泳、打球等）		
	力量运动，至少两个动作，每个动作三组		
心情睡眠	提醒自己放松心情，每天睡个好觉		

Day 35

_____年_____月_____日

大项	细分项目	我做到了 ☺	我没做到 ☹
饮食管理	肉、鱼、蛋、奶、坚果、蔬菜、杂粮、薯类、水果，以上 9 类食物，我尽可能都吃		
	早中晚餐热量比 3 ： 4 ： 2		
	低碳水，高优质蛋白		
	不吃油腻煎炸食物		
	七八分饱		
	每日足量饮水（不是饮料哦）		
运动管理	有氧运动至少 20 分钟（慢跑、快走、游泳、打球等）		
	力量运动，至少两个动作，每个动作三组		
心情睡眠	提醒自己放松心情，每天睡个好觉		

Day 36

_____年_____月_____日

大项	细分项目	我做到了 ☺	我没做到 ☹
饮食管理	肉、鱼、蛋、奶、坚果、蔬菜、杂粮、薯类、水果，以上 9 类食物，我尽可能都吃		
	早中晚餐热量比 3 ： 4 ： 2		
	低碳水，高优质蛋白		
	不吃油腻煎炸食物		
	七八分饱		
	每日足量饮水（不是饮料哦）		
运动管理	有氧运动至少 20 分钟（慢跑、快走、游泳、打球等）		
	力量运动，至少两个动作，每个动作三组		
心情睡眠	提醒自己放松心情，每天睡个好觉		

Day 37

______年______月______日

大项	细分项目	我做到了☺	我没做到☹
饮食管理	肉、鱼、蛋、奶、坚果、蔬菜、杂粮、薯类、水果，以上 9 类食物，我尽可能都吃		
	早中晚餐热量比 3 ∶ 4 ∶ 2		
	低碳水，高优质蛋白		
	不吃油腻煎炸食物		
	七八分饱		
	每日足量饮水（不是饮料哦）		
运动管理	有氧运动至少 20 分钟（慢跑、快走、游泳、打球等）		
	力量运动，至少两个动作，每个动作三组		
心情睡眠	提醒自己放松心情，每天睡个好觉		

Day 38

______年______月______日

大项	细分项目	我做到了☺	我没做到☹
饮食管理	肉、鱼、蛋、奶、坚果、蔬菜、杂粮、薯类、水果，以上 9 类食物，我尽可能都吃		
	早中晚餐热量比 3 ∶ 4 ∶ 2		
	低碳水，高优质蛋白		
	不吃油腻煎炸食物		
	七八分饱		
	每日足量饮水（不是饮料哦）		
运动管理	有氧运动至少 20 分钟（慢跑、快走、游泳、打球等）		
	力量运动，至少两个动作，每个动作三组		
心情睡眠	提醒自己放松心情，每天睡个好觉		

Day 39

______年______月______日

大项	细分项目	我做到了☺	我没做到☹
饮食管理	肉、鱼、蛋、奶、坚果、蔬菜、杂粮、薯类、水果，以上 9 类食物，我尽可能都吃		
	早中晚餐热量比 3 ∶ 4 ∶ 2		
	低碳水，高优质蛋白		
	不吃油腻煎炸食物		
	七八分饱		
	每日足量饮水（不是饮料哦）		
运动管理	有氧运动至少 20 分钟（慢跑、快走、游泳、打球等）		
	力量运动，至少两个动作，每个动作三组		
心情睡眠	提醒自己放松心情，每天睡个好觉		

Day 40

年　　月　　日

大项	细分项目	我做到了☺	我没做到☹
饮食管理	肉、鱼、蛋、奶、坚果、蔬菜、杂粮、薯类、水果，以上 9 类食物，我尽可能都吃		
	早中晚餐热量比 3 ∶ 4 ∶ 2		
	低碳水，高优质蛋白		
	不吃油腻煎炸食物		
	七八分饱		
	每日足量饮水（不是饮料哦）		
运动管理	有氧运动至少 20 分钟（慢跑、快走、游泳、打球等）		
	力量运动，至少两个动作，每个动作三组		
心情睡眠	提醒自己放松心情，每天睡个好觉		

Day 41

年　　月　　日

大项	细分项目	我做到了☺	我没做到☹
饮食管理	肉、鱼、蛋、奶、坚果、蔬菜、杂粮、薯类、水果，以上 9 类食物，我尽可能都吃		
	早中晚餐热量比 3 ∶ 4 ∶ 2		
	低碳水，高优质蛋白		
	不吃油腻煎炸食物		
	七八分饱		
	每日足量饮水（不是饮料哦）		
运动管理	有氧运动至少 20 分钟（慢跑、快走、游泳、打球等）		
	力量运动，至少两个动作，每个动作三组		
心情睡眠	提醒自己放松心情，每天睡个好觉		

Day 42

年　　月　　日

大项	细分项目	我做到了☺	我没做到☹
饮食管理	肉、鱼、蛋、奶、坚果、蔬菜、杂粮、薯类、水果，以上 9 类食物，我尽可能都吃		
	早中晚餐热量比 3 ∶ 4 ∶ 2		
	低碳水，高优质蛋白		
	不吃油腻煎炸食物		
	七八分饱		
	每日足量饮水（不是饮料哦）		
运动管理	有氧运动至少 20 分钟（慢跑、快走、游泳、打球等）		
	力量运动，至少两个动作，每个动作三组		
心情睡眠	提醒自己放松心情，每天睡个好觉		

Day 43

______年______月______日

大项	细分项目	我做到了 ☺	我没做到 ☹
饮食管理	肉、鱼、蛋、奶、坚果、蔬菜、杂粮、薯类、水果，以上 9 类食物，我尽可能都吃		
	早中晚餐热量比 3 ∶ 4 ∶ 2		
	低碳水，高优质蛋白		
	不吃油腻煎炸食物		
	七八分饱		
	每日足量饮水（不是饮料哦）		
运动管理	有氧运动至少 20 分钟（慢跑、快走、游泳、打球等）		
	力量运动，至少两个动作，每个动作三组		
心情睡眠	提醒自己放松心情，每天睡个好觉		

Day 44

______年______月______日

大项	细分项目	我做到了 ☺	我没做到 ☹
饮食管理	肉、鱼、蛋、奶、坚果、蔬菜、杂粮、薯类、水果，以上 9 类食物，我尽可能都吃		
	早中晚餐热量比 3 ∶ 4 ∶ 2		
	低碳水，高优质蛋白		
	不吃油腻煎炸食物		
	七八分饱		
	每日足量饮水（不是饮料哦）		
运动管理	有氧运动至少 20 分钟（慢跑、快走、游泳、打球等）		
	力量运动，至少两个动作，每个动作三组		
心情睡眠	提醒自己放松心情，每天睡个好觉		

Day 45

______年______月______日

大项	细分项目	我做到了 ☺	我没做到 ☹
饮食管理	肉、鱼、蛋、奶、坚果、蔬菜、杂粮、薯类、水果，以上 9 类食物，我尽可能都吃		
	早中晚餐热量比 3 ∶ 4 ∶ 2		
	低碳水，高优质蛋白		
	不吃油腻煎炸食物		
	七八分饱		
	每日足量饮水（不是饮料哦）		
运动管理	有氧运动至少 20 分钟（慢跑、快走、游泳、打球等）		
	力量运动，至少两个动作，每个动作三组		
心情睡眠	提醒自己放松心情，每天睡个好觉		

Day 46

______年______月______日

大项	细分项目	我做到了 ☺	我没做到 ☹
饮食管理	肉、鱼、蛋、奶、坚果、蔬菜、杂粮、薯类、水果，以上 9 类食物，我尽可能都吃		
	早中晚餐热量比 3 ：4 ：2		
	低碳水，高优质蛋白		
	不吃油腻煎炸食物		
	七八分饱		
	每日足量饮水（不是饮料哦）		
运动管理	有氧运动至少 20 分钟（慢跑、快走、游泳、打球等）		
	力量运动，至少两个动作，每个动作三组		
心情睡眠	提醒自己放松心情，每天睡个好觉		

Day 47

______年______月______日

大项	细分项目	我做到了 ☺	我没做到 ☹
饮食管理	肉、鱼、蛋、奶、坚果、蔬菜、杂粮、薯类、水果，以上 9 类食物，我尽可能都吃		
	早中晚餐热量比 3 ：4 ：2		
	低碳水，高优质蛋白		
	不吃油腻煎炸食物		
	七八分饱		
	每日足量饮水（不是饮料哦）		
运动管理	有氧运动至少 20 分钟（慢跑、快走、游泳、打球等）		
	力量运动，至少两个动作，每个动作三组		
心情睡眠	提醒自己放松心情，每天睡个好觉		

Day 48

______年______月______日

大项	细分项目	我做到了 ☺	我没做到 ☹
饮食管理	肉、鱼、蛋、奶、坚果、蔬菜、杂粮、薯类、水果，以上 9 类食物，我尽可能都吃		
	早中晚餐热量比 3 ：4 ：2		
	低碳水，高优质蛋白		
	不吃油腻煎炸食物		
	七八分饱		
	每日足量饮水（不是饮料哦）		
运动管理	有氧运动至少 20 分钟（慢跑、快走、游泳、打球等）		
	力量运动，至少两个动作，每个动作三组		
心情睡眠	提醒自己放松心情，每天睡个好觉		

Day 49

______年______月______日

大项	细分项目	我做到了 ☺	我没做到 ☹
饮食管理	肉、鱼、蛋、奶、坚果、蔬菜、杂粮、薯类、水果，以上 9 类食物，我尽可能都吃		
	早中晚餐热量比 3 ： 4 ： 2		
	低碳水，高优质蛋白		
	不吃油腻煎炸食物		
	七八分饱		
	每日足量饮水（不是饮料哦）		
运动管理	有氧运动至少 20 分钟（慢跑、快走、游泳、打球等）		
	力量运动，至少两个动作，每个动作三组		
心情睡眠	提醒自己放松心情，每天睡个好觉		

Day 50

______年______月______日

大项	细分项目	我做到了 ☺	我没做到 ☹
饮食管理	肉、鱼、蛋、奶、坚果、蔬菜、杂粮、薯类、水果，以上 9 类食物，我尽可能都吃		
	早中晚餐热量比 3 ： 4 ： 2		
	低碳水，高优质蛋白		
	不吃油腻煎炸食物		
	七八分饱		
	每日足量饮水（不是饮料哦）		
运动管理	有氧运动至少 20 分钟（慢跑、快走、游泳、打球等）		
	力量运动，至少两个动作，每个动作三组		
心情睡眠	提醒自己放松心情，每天睡个好觉		

Day 51

______年______月______日

大项	细分项目	我做到了 ☺	我没做到 ☹
饮食管理	肉、鱼、蛋、奶、坚果、蔬菜、杂粮、薯类、水果，以上 9 类食物，我尽可能都吃		
	早中晚餐热量比 3 ： 4 ： 2		
	低碳水，高优质蛋白		
	不吃油腻煎炸食物		
	七八分饱		
	每日足量饮水（不是饮料哦）		
运动管理	有氧运动至少 20 分钟（慢跑、快走、游泳、打球等）		
	力量运动，至少两个动作，每个动作三组		
心情睡眠	提醒自己放松心情，每天睡个好觉		

Day 52

______年______月______日

大项	细分项目	我做到了☺	我没做到☹
饮食管理	肉、鱼、蛋、奶、坚果、蔬菜、杂粮、薯类、水果，以上9类食物，我尽可能都吃		
	早中晚餐热量比3 ： 4 ： 2		
	低碳水，高优质蛋白		
	不吃油腻煎炸食物		
	七八分饱		
	每日足量饮水（不是饮料哦）		
运动管理	有氧运动至少20分钟（慢跑、快走、游泳、打球等）		
	力量运动，至少两个动作，每个动作三组		
心情睡眠	提醒自己放松心情，每天睡个好觉		

Day 53

______年______月______日

大项	细分项目	我做到了☺	我没做到☹
饮食管理	肉、鱼、蛋、奶、坚果、蔬菜、杂粮、薯类、水果，以上9类食物，我尽可能都吃		
	早中晚餐热量比3 ： 4 ： 2		
	低碳水，高优质蛋白		
	不吃油腻煎炸食物		
	七八分饱		
	每日足量饮水（不是饮料哦）		
运动管理	有氧运动至少20分钟（慢跑、快走、游泳、打球等）		
	力量运动，至少两个动作，每个动作三组		
心情睡眠	提醒自己放松心情，每天睡个好觉		

Day 54

______年______月______日

大项	细分项目	我做到了☺	我没做到☹
饮食管理	肉、鱼、蛋、奶、坚果、蔬菜、杂粮、薯类、水果，以上9类食物，我尽可能都吃		
	早中晚餐热量比3 ： 4 ： 2		
	低碳水，高优质蛋白		
	不吃油腻煎炸食物		
	七八分饱		
	每日足量饮水（不是饮料哦）		
运动管理	有氧运动至少20分钟（慢跑、快走、游泳、打球等）		
	力量运动，至少两个动作，每个动作三组		
心情睡眠	提醒自己放松心情，每天睡个好觉		

Day 55

______年______月______日

大项	细分项目	我做到了 ☺	我没做到 ☹
饮食管理	肉、鱼、蛋、奶、坚果、蔬菜、杂粮、薯类、水果，以上 9 类食物，我尽可能都吃		
	早中晚餐热量比 3 ： 4 ： 2		
	低碳水，高优质蛋白		
	不吃油腻煎炸食物		
	七八分饱		
	每日足量饮水（不是饮料哦）		
运动管理	有氧运动至少 20 分钟（慢跑、快走、游泳、打球等）		
	力量运动，至少两个动作，每个动作三组		
心情睡眠	提醒自己放松心情，每天睡个好觉		

Day 56

______年______月______日

大项	细分项目	我做到了 ☺	我没做到 ☹
饮食管理	肉、鱼、蛋、奶、坚果、蔬菜、杂粮、薯类、水果，以上 9 类食物，我尽可能都吃		
	早中晚餐热量比 3 ： 4 ： 2		
	低碳水，高优质蛋白		
	不吃油腻煎炸食物		
	七八分饱		
	每日足量饮水（不是饮料哦）		
运动管理	有氧运动至少 20 分钟（慢跑、快走、游泳、打球等）		
	力量运动，至少两个动作，每个动作三组		
心情睡眠	提醒自己放松心情，每天睡个好觉		

Day 57

______年______月______日

大项	细分项目	我做到了 ☺	我没做到 ☹
饮食管理	肉、鱼、蛋、奶、坚果、蔬菜、杂粮、薯类、水果，以上 9 类食物，我尽可能都吃		
	早中晚餐热量比 3 ： 4 ： 2		
	低碳水，高优质蛋白		
	不吃油腻煎炸食物		
	七八分饱		
	每日足量饮水（不是饮料哦）		
运动管理	有氧运动至少 20 分钟（慢跑、快走、游泳、打球等）		
	力量运动，至少两个动作，每个动作三组		
心情睡眠	提醒自己放松心情，每天睡个好觉		

Day 58 ______年______月______日

大项	细分项目	我做到了☺	我没做到☹
饮食管理	肉、鱼、蛋、奶、坚果、蔬菜、杂粮、薯类、水果，以上9类食物，我尽可能都吃		
	早中晚餐热量比3 ：4 ：2		
	低碳水，高优质蛋白		
	不吃油腻煎炸食物		
	七八分饱		
	每日足量饮水（不是饮料哦）		
运动管理	有氧运动至少20分钟（慢跑、快走、游泳、打球等）		
	力量运动，至少两个动作，每个动作三组		
心情睡眠	提醒自己放松心情，每天睡个好觉		

Day 59 ______年______月______日

大项	细分项目	我做到了☺	我没做到☹
饮食管理	肉、鱼、蛋、奶、坚果、蔬菜、杂粮、薯类、水果，以上9类食物，我尽可能都吃		
	早中晚餐热量比3 ：4 ：2		
	低碳水，高优质蛋白		
	不吃油腻煎炸食物		
	七八分饱		
	每日足量饮水（不是饮料哦）		
运动管理	有氧运动至少20分钟（慢跑、快走、游泳、打球等）		
	力量运动，至少两个动作，每个动作三组		
心情睡眠	提醒自己放松心情，每天睡个好觉		

Day 60 ______年______月______日

大项	细分项目	我做到了☺	我没做到☹
饮食管理	肉、鱼、蛋、奶、坚果、蔬菜、杂粮、薯类、水果，以上9类食物，我尽可能都吃		
	早中晚餐热量比3 ：4 ：2		
	低碳水，高优质蛋白		
	不吃油腻煎炸食物		
	七八分饱		
	每日足量饮水（不是饮料哦）		
运动管理	有氧运动至少20分钟（慢跑、快走、游泳、打球等）		
	力量运动，至少两个动作，每个动作三组		
心情睡眠	提醒自己放松心情，每天睡个好觉		

Day 61

______年______月______日

大项	细分项目	我做到了 ☺	我没做到 ☹
饮食管理	肉、鱼、蛋、奶、坚果、蔬菜、杂粮、薯类、水果，以上 9 类食物，我尽可能都吃		
	早中晚餐热量比 3 ： 4 ： 2		
	低碳水，高优质蛋白		
	不吃油腻煎炸食物		
	七八分饱		
	每日足量饮水（不是饮料哦）		
运动管理	有氧运动至少 20 分钟（慢跑、快走、游泳、打球等）		
	力量运动，至少两个动作，每个动作三组		
心情睡眠	提醒自己放松心情，每天睡个好觉		

Day 62

______年______月______日

大项	细分项目	我做到了 ☺	我没做到 ☹
饮食管理	肉、鱼、蛋、奶、坚果、蔬菜、杂粮、薯类、水果，以上 9 类食物，我尽可能都吃		
	早中晚餐热量比 3 ： 4 ： 2		
	低碳水，高优质蛋白		
	不吃油腻煎炸食物		
	七八分饱		
	每日足量饮水（不是饮料哦）		
运动管理	有氧运动至少 20 分钟（慢跑、快走、游泳、打球等）		
	力量运动，至少两个动作，每个动作三组		
心情睡眠	提醒自己放松心情，每天睡个好觉		

Day 63

______年______月______日

大项	细分项目	我做到了 ☺	我没做到 ☹
饮食管理	肉、鱼、蛋、奶、坚果、蔬菜、杂粮、薯类、水果，以上 9 类食物，我尽可能都吃		
	早中晚餐热量比 3 ： 4 ： 2		
	低碳水，高优质蛋白		
	不吃油腻煎炸食物		
	七八分饱		
	每日足量饮水（不是饮料哦）		
运动管理	有氧运动至少 20 分钟（慢跑、快走、游泳、打球等）		
	力量运动，至少两个动作，每个动作三组		
心情睡眠	提醒自己放松心情，每天睡个好觉		

Day 64

______年______月______日

大项	细分项目	我做到了 ☺	我没做到 ☹
饮食管理	肉、鱼、蛋、奶、坚果、蔬菜、杂粮、薯类、水果，以上 9 类食物，我尽可能都吃		
	早中晚餐热量比 3 ： 4 ： 2		
	低碳水，高优质蛋白		
	不吃油腻煎炸食物		
	七八分饱		
	每日足量饮水（不是饮料哦）		
运动管理	有氧运动至少 20 分钟（慢跑、快走、游泳、打球等）		
	力量运动，至少两个动作，每个动作三组		
心情睡眠	提醒自己放松心情，每天睡个好觉		

Day 65

______年______月______日

大项	细分项目	我做到了 ☺	我没做到 ☹
饮食管理	肉、鱼、蛋、奶、坚果、蔬菜、杂粮、薯类、水果，以上 9 类食物，我尽可能都吃		
	早中晚餐热量比 3 ： 4 ： 2		
	低碳水，高优质蛋白		
	不吃油腻煎炸食物		
	七八分饱		
	每日足量饮水（不是饮料哦）		
运动管理	有氧运动至少 20 分钟（慢跑、快走、游泳、打球等）		
	力量运动，至少两个动作，每个动作三组		
心情睡眠	提醒自己放松心情，每天睡个好觉		

Day 66

______年______月______日

大项	细分项目	我做到了 ☺	我没做到 ☹
饮食管理	肉、鱼、蛋、奶、坚果、蔬菜、杂粮、薯类、水果，以上 9 类食物，我尽可能都吃		
	早中晚餐热量比 3 ： 4 ： 2		
	低碳水，高优质蛋白		
	不吃油腻煎炸食物		
	七八分饱		
	每日足量饮水（不是饮料哦）		
运动管理	有氧运动至少 20 分钟（慢跑、快走、游泳、打球等）		
	力量运动，至少两个动作，每个动作三组		
心情睡眠	提醒自己放松心情，每天睡个好觉		

Day 67

______年______月______日

大项	细分项目	我做到了☺	我没做到☹
饮食管理	肉、鱼、蛋、奶、坚果、蔬菜、杂粮、薯类、水果，以上9类食物，我尽可能都吃		
	早中晚餐热量比3∶4∶2		
	低碳水，高优质蛋白		
	不吃油腻煎炸食物		
	七八分饱		
	每日足量饮水（不是饮料哦）		
运动管理	有氧运动至少20分钟（慢跑、快走、游泳、打球等）		
	力量运动，至少两个动作，每个动作三组		
心情睡眠	提醒自己放松心情，每天睡个好觉		

Day 68

______年______月______日

大项	细分项目	我做到了☺	我没做到☹
饮食管理	肉、鱼、蛋、奶、坚果、蔬菜、杂粮、薯类、水果，以上9类食物，我尽可能都吃		
	早中晚餐热量比3∶4∶2		
	低碳水，高优质蛋白		
	不吃油腻煎炸食物		
	七八分饱		
	每日足量饮水（不是饮料哦）		
运动管理	有氧运动至少20分钟（慢跑、快走、游泳、打球等）		
	力量运动，至少两个动作，每个动作三组		
心情睡眠	提醒自己放松心情，每天睡个好觉		

Day 69

______年______月______日

大项	细分项目	我做到了☺	我没做到☹
饮食管理	肉、鱼、蛋、奶、坚果、蔬菜、杂粮、薯类、水果，以上9类食物，我尽可能都吃		
	早中晚餐热量比3∶4∶2		
	低碳水，高优质蛋白		
	不吃油腻煎炸食物		
	七八分饱		
	每日足量饮水（不是饮料哦）		
运动管理	有氧运动至少20分钟（慢跑、快走、游泳、打球等）		
	力量运动，至少两个动作，每个动作三组		
心情睡眠	提醒自己放松心情，每天睡个好觉		

Day 70

______年______月______日

大项	细分项目	我做到了 ☺	我没做到 ☹
饮食管理	肉、鱼、蛋、奶、坚果、蔬菜、杂粮、薯类、水果，以上 9 类食物，我尽可能都吃		
	早中晚餐热量比 3 ∶ 4 ∶ 2		
	低碳水，高优质蛋白		
	不吃油腻煎炸食物		
	七八分饱		
	每日足量饮水（不是饮料哦）		
运动管理	有氧运动至少 20 分钟（慢跑、快走、游泳、打球等）		
	力量运动，至少两个动作，每个动作三组		
心情睡眠	提醒自己放松心情，每天睡个好觉		

Day 71

______年______月______日

大项	细分项目	我做到了 ☺	我没做到 ☹
饮食管理	肉、鱼、蛋、奶、坚果、蔬菜、杂粮、薯类、水果，以上 9 类食物，我尽可能都吃		
	早中晚餐热量比 3 ∶ 4 ∶ 2		
	低碳水，高优质蛋白		
	不吃油腻煎炸食物		
	七八分饱		
	每日足量饮水（不是饮料哦）		
运动管理	有氧运动至少 20 分钟（慢跑、快走、游泳、打球等）		
	力量运动，至少两个动作，每个动作三组		
心情睡眠	提醒自己放松心情，每天睡个好觉		

Day 72

______年______月______日

大项	细分项目	我做到了 ☺	我没做到 ☹
饮食管理	肉、鱼、蛋、奶、坚果、蔬菜、杂粮、薯类、水果，以上 9 类食物，我尽可能都吃		
	早中晚餐热量比 3 ∶ 4 ∶ 2		
	低碳水，高优质蛋白		
	不吃油腻煎炸食物		
	七八分饱		
	每日足量饮水（不是饮料哦）		
运动管理	有氧运动至少 20 分钟（慢跑、快走、游泳、打球等）		
	力量运动，至少两个动作，每个动作三组		
心情睡眠	提醒自己放松心情，每天睡个好觉		

Day 73

______年______月______日

大项	细分项目	我做到了☺	我没做到☹
饮食管理	肉、鱼、蛋、奶、坚果、蔬菜、杂粮、薯类、水果，以上9类食物，我尽可能都吃		
	早中晚餐热量比3 ：4 ：2		
	低碳水，高优质蛋白		
	不吃油腻煎炸食物		
	七八分饱		
	每日足量饮水（不是饮料哦）		
运动管理	有氧运动至少20分钟（慢跑、快走、游泳、打球等）		
	力量运动，至少两个动作，每个动作三组		
心情睡眠	提醒自己放松心情，每天睡个好觉		

Day 74

______年______月______日

大项	细分项目	我做到了☺	我没做到☹
饮食管理	肉、鱼、蛋、奶、坚果、蔬菜、杂粮、薯类、水果，以上9类食物，我尽可能都吃		
	早中晚餐热量比3 ：4 ：2		
	低碳水，高优质蛋白		
	不吃油腻煎炸食物		
	七八分饱		
	每日足量饮水（不是饮料哦）		
运动管理	有氧运动至少20分钟（慢跑、快走、游泳、打球等）		
	力量运动，至少两个动作，每个动作三组		
心情睡眠	提醒自己放松心情，每天睡个好觉		

Day 75

______年______月______日

大项	细分项目	我做到了☺	我没做到☹
饮食管理	肉、鱼、蛋、奶、坚果、蔬菜、杂粮、薯类、水果，以上9类食物，我尽可能都吃		
	早中晚餐热量比3 ：4 ：2		
	低碳水，高优质蛋白		
	不吃油腻煎炸食物		
	七八分饱		
	每日足量饮水（不是饮料哦）		
运动管理	有氧运动至少20分钟（慢跑、快走、游泳、打球等）		
	力量运动，至少两个动作，每个动作三组		
心情睡眠	提醒自己放松心情，每天睡个好觉		

Day 76

______年______月______日

大项	细分项目	我做到了 ☺	我没做到 ☹
饮食管理	肉、鱼、蛋、奶、坚果、蔬菜、杂粮、薯类、水果，以上9类食物，我尽可能都吃		
	早中晚餐热量比3 ：4 ：2		
	低碳水，高优质蛋白		
	不吃油腻煎炸食物		
	七八分饱		
	每日足量饮水（不是饮料哦）		
运动管理	有氧运动至少20分钟（慢跑、快走、游泳、打球等）		
	力量运动，至少两个动作，每个动作三组		
心情睡眠	提醒自己放松心情，每天睡个好觉		

Day 77

______年______月______日

大项	细分项目	我做到了 ☺	我没做到 ☹
饮食管理	肉、鱼、蛋、奶、坚果、蔬菜、杂粮、薯类、水果，以上9类食物，我尽可能都吃		
	早中晚餐热量比3 ：4 ：2		
	低碳水，高优质蛋白		
	不吃油腻煎炸食物		
	七八分饱		
	每日足量饮水（不是饮料哦）		
运动管理	有氧运动至少20分钟（慢跑、快走、游泳、打球等）		
	力量运动，至少两个动作，每个动作三组		
心情睡眠	提醒自己放松心情，每天睡个好觉		

Day 78

______年______月______日

大项	细分项目	我做到了 ☺	我没做到 ☹
饮食管理	肉、鱼、蛋、奶、坚果、蔬菜、杂粮、薯类、水果，以上9类食物，我尽可能都吃		
	早中晚餐热量比3 ：4 ：2		
	低碳水，高优质蛋白		
	不吃油腻煎炸食物		
	七八分饱		
	每日足量饮水（不是饮料哦）		
运动管理	有氧运动至少20分钟（慢跑、快走、游泳、打球等）		
	力量运动，至少两个动作，每个动作三组		
心情睡眠	提醒自己放松心情，每天睡个好觉		

Day 79 💪　　　　　　　　　　　　　　　　　　______年______月______日

大项	细分项目	我做到了☺	我没做到☹
饮食管理	肉、鱼、蛋、奶、坚果、蔬菜、杂粮、薯类、水果，以上9类食物，我尽可能都吃		
	早中晚餐热量比3：4：2		
	低碳水，高优质蛋白		
	不吃油腻煎炸食物		
	七八分饱		
	每日足量饮水（不是饮料哦）		
运动管理	有氧运动至少20分钟（慢跑、快走、游泳、打球等）		
	力量运动，至少两个动作，每个动作三组		
心情睡眠	提醒自己放松心情，每天睡个好觉		

Day 80 💪　　　　　　　　　　　　　　　　　　______年______月______日

大项	细分项目	我做到了☺	我没做到☹
饮食管理	肉、鱼、蛋、奶、坚果、蔬菜、杂粮、薯类、水果，以上9类食物，我尽可能都吃		
	早中晚餐热量比3：4：2		
	低碳水，高优质蛋白		
	不吃油腻煎炸食物		
	七八分饱		
	每日足量饮水（不是饮料哦）		
运动管理	有氧运动至少20分钟（慢跑、快走、游泳、打球等）		
	力量运动，至少两个动作，每个动作三组		
心情睡眠	提醒自己放松心情，每天睡个好觉		

Day 81 💪　　　　　　　　　　　　　　　　　　______年______月______日

大项	细分项目	我做到了☺	我没做到☹
饮食管理	肉、鱼、蛋、奶、坚果、蔬菜、杂粮、薯类、水果，以上9类食物，我尽可能都吃		
	早中晚餐热量比3：4：2		
	低碳水，高优质蛋白		
	不吃油腻煎炸食物		
	七八分饱		
	每日足量饮水（不是饮料哦）		
运动管理	有氧运动至少20分钟（慢跑、快走、游泳、打球等）		
	力量运动，至少两个动作，每个动作三组		
心情睡眠	提醒自己放松心情，每天睡个好觉		

Day 82

______年______月______日

大项	细分项目	我做到了☺	我没做到☹
饮食管理	肉、鱼、蛋、奶、坚果、蔬菜、杂粮、薯类、水果，以上 9 类食物，我尽可能都吃		
	早中晚餐热量比 3 ： 4 ： 2		
	低碳水，高优质蛋白		
	不吃油腻煎炸食物		
	七八分饱		
	每日足量饮水（不是饮料哦）		
运动管理	有氧运动至少 20 分钟（慢跑、快走、游泳、打球等）		
	力量运动，至少两个动作，每个动作三组		
心情睡眠	提醒自己放松心情，每天睡个好觉		

Day 83

______年______月______日

大项	细分项目	我做到了☺	我没做到☹
饮食管理	肉、鱼、蛋、奶、坚果、蔬菜、杂粮、薯类、水果，以上 9 类食物，我尽可能都吃		
	早中晚餐热量比 3 ： 4 ： 2		
	低碳水，高优质蛋白		
	不吃油腻煎炸食物		
	七八分饱		
	每日足量饮水（不是饮料哦）		
运动管理	有氧运动至少 20 分钟（慢跑、快走、游泳、打球等）		
	力量运动，至少两个动作，每个动作三组		
心情睡眠	提醒自己放松心情，每天睡个好觉		

Day 84

______年______月______日

大项	细分项目	我做到了☺	我没做到☹
饮食管理	肉、鱼、蛋、奶、坚果、蔬菜、杂粮、薯类、水果，以上 9 类食物，我尽可能都吃		
	早中晚餐热量比 3 ： 4 ： 2		
	低碳水，高优质蛋白		
	不吃油腻煎炸食物		
	七八分饱		
	每日足量饮水（不是饮料哦）		
运动管理	有氧运动至少 20 分钟（慢跑、快走、游泳、打球等）		
	力量运动，至少两个动作，每个动作三组		
心情睡眠	提醒自己放松心情，每天睡个好觉		

Day 85

______年______月______日

大项	细分项目	我做到了☺	我没做到☹
饮食管理	肉、鱼、蛋、奶、坚果、蔬菜、杂粮、薯类、水果，以上 9 类食物，我尽可能都吃		
	早中晚餐热量比 3 ： 4 ： 2		
	低碳水，高优质蛋白		
	不吃油腻煎炸食物		
	七八分饱		
	每日足量饮水（不是饮料哦）		
运动管理	有氧运动至少 20 分钟（慢跑、快走、游泳、打球等）		
	力量运动，至少两个动作，每个动作三组		
心情睡眠	提醒自己放松心情，每天睡个好觉		

Day 86

______年______月______日

大项	细分项目	我做到了☺	我没做到☹
饮食管理	肉、鱼、蛋、奶、坚果、蔬菜、杂粮、薯类、水果，以上 9 类食物，我尽可能都吃		
	早中晚餐热量比 3 ： 4 ： 2		
	低碳水，高优质蛋白		
	不吃油腻煎炸食物		
	七八分饱		
	每日足量饮水（不是饮料哦）		
运动管理	有氧运动至少 20 分钟（慢跑、快走、游泳、打球等）		
	力量运动，至少两个动作，每个动作三组		
心情睡眠	提醒自己放松心情，每天睡个好觉		

Day 87

______年______月______日

大项	细分项目	我做到了☺	我没做到☹
饮食管理	肉、鱼、蛋、奶、坚果、蔬菜、杂粮、薯类、水果，以上 9 类食物，我尽可能都吃		
	早中晚餐热量比 3 ： 4 ： 2		
	低碳水，高优质蛋白		
	不吃油腻煎炸食物		
	七八分饱		
	每日足量饮水（不是饮料哦）		
运动管理	有氧运动至少 20 分钟（慢跑、快走、游泳、打球等）		
	力量运动，至少两个动作，每个动作三组		
心情睡眠	提醒自己放松心情，每天睡个好觉		

Day 88

______年______月______日

大项	细分项目	我做到了☺	我没做到☹
饮食管理	肉、鱼、蛋、奶、坚果、蔬菜、杂粮、薯类、水果，以上9类食物，我尽可能都吃		
	早中晚餐热量比3 ：4 ：2		
	低碳水，高优质蛋白		
	不吃油腻煎炸食物		
	七八分饱		
	每日足量饮水（不是饮料哦）		
运动管理	有氧运动至少20分钟（慢跑、快走、游泳、打球等）		
	力量运动，至少两个动作，每个动作三组		
心情睡眠	提醒自己放松心情，每天睡个好觉		

Day 89

______年______月______日

大项	细分项目	我做到了☺	我没做到☹
饮食管理	肉、鱼、蛋、奶、坚果、蔬菜、杂粮、薯类、水果，以上9类食物，我尽可能都吃		
	早中晚餐热量比3 ：4 ：2		
	低碳水，高优质蛋白		
	不吃油腻煎炸食物		
	七八分饱		
	每日足量饮水（不是饮料哦）		
运动管理	有氧运动至少20分钟（慢跑、快走、游泳、打球等）		
	力量运动，至少两个动作，每个动作三组		
心情睡眠	提醒自己放松心情，每天睡个好觉		

Day 90

______年______月______日

大项	细分项目	我做到了☺	我没做到☹
饮食管理	肉、鱼、蛋、奶、坚果、蔬菜、杂粮、薯类、水果，以上9类食物，我尽可能都吃		
	早中晚餐热量比3 ：4 ：2		
	低碳水，高优质蛋白		
	不吃油腻煎炸食物		
	七八分饱		
	每日足量饮水（不是饮料哦）		
运动管理	有氧运动至少20分钟（慢跑、快走、游泳、打球等）		
	力量运动，至少两个动作，每个动作三组		
心情睡眠	提醒自己放松心情，每天睡个好觉		